扫码看视频·轻松学技术丛书

草莓

高效栽培与病虫害防治彩色图谱

CAOMEI GAOXIAO ZAIPEI YU BINGCHONGHAI FANGZHI CAISE TUPU

全国农业技术推广服务中心 ◎ 组编

乔 岩 王步云 郑书恒 赵 磊 ◎ 主编

中国农业出版社
北 京

图书在版编目（CIP）数据

草莓高效栽培与病虫害防治彩色图谱/乔岩等主编
. —北京：中国农业出版社，2022.12
(扫码看视频. 轻松学技术丛书)
ISBN 978-7-109-30052-1

Ⅰ. ①草… Ⅱ. ①乔… Ⅲ. ①草莓－果树园艺－图谱
②草莓－病虫害防治－图谱 Ⅳ. ①S668.4－64
②S436.68－64

中国版本图书馆CIP数据核字（2022）第175297号

中国农业出版社出版
地址：北京市朝阳区麦子店街18号楼
邮编：100125
责任编辑：谢志新 郭晨茜 文字编辑：谢志新 高 彬
版式设计：郭晨茜 责任校对：吴丽婷 责任印制：王 宏
印刷：北京中科印刷有限公司
版次：2022年12月第1版
印次：2022年12月北京第1次印刷
发行：新华书店北京发行所
开本：880mm × 1230mm 1/32
印张：8.25
字数：270千字
定价：58.00元

出版说明

现如今互联网已深入农业的方方面面，互联网即时、互动、可视化的独特优势，以及对农业科技信息和技术的迅速传播方式已获得广泛的认可。广大生产者通过互联网了解知识和信息，提高技能亦成为一种新常态。然而，不论新媒体如何发展，媒介手段如何先进，我们始终本着“技术专业，内容为王”的宗旨出版好融合产品，将有用的信息和实用的技术传播给农民。为了及时将农业高效创新技术传递给农民，解决农民在生产中遇到的技术难题，中国农业出版社邀请国家现代农业产业技术体系的岗位科学家、活跃在各领域的一线知名专家编写了这套“扫码看视频·轻松学技术丛书”。书中精选了海量田间管理关键技术及病虫害高清照片，更有部分照片属于“可遇不可求”的精品；文字部分内容力求与图片内容实现互补和融合，通俗易懂。更让读者感到不一样的是：通过微信扫码可以观看微视频，技术大咖“手把手”教你学技术，可视化地把技术搬到书本上，架起专家与农民之间知识和技术传播的桥梁，让越来越多的农民朋友通过多媒体技术“走进田间课堂，聆听专家讲课”，接受“一看就懂、一学就会”的农业生产知识与技术的学习。

说明：书中病虫害化学防治部分推荐的农药品种的使用浓度和使用量，可能会因为作物品种、栽培方式、生长周期及所在地的生态环境条件不同而有一定的差异。因此，在实际使用过程中，以所购买产品的使用说明书为准，或在当地技术人员的指导下使用。

目 录 Contents

第 1 章 草莓生物学特性

一、主要器官

草莓是多年生常绿草本植物，植株矮小，呈丛状生长，株高一般20～30厘米。短缩的茎上，叶片密集，并抽生花序和匍匐茎，下部生根。草莓的器官有根、茎、叶、花、果实、种子等（图1-1）。

草莓的形态特征

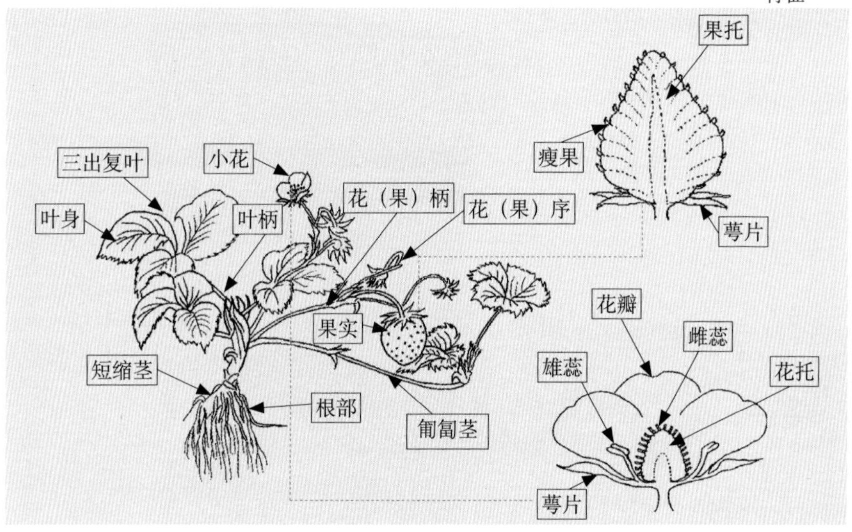

图1-1　草莓的主要器官

1. 茎　草莓的茎分为新茎、根状茎和匍匐茎三种（图1-2）。草莓当年和一年生的茎称为新茎，上着生具有长柄的叶片，基部发出不定根。第二年新茎上的叶片枯死脱落后，成为外形似根的根状茎。匍匐茎是草莓的一种特殊的地上茎，由新茎的叶芽萌发形成，是草莓的地上营养繁殖器官。匍匐茎细，节间长，当生长到一定长度后，在第二节的部位向上发生正常叶，向下形成不定根，最后形成一株匍匐茎苗，也称作子苗或子株。随

图1-2　草莓的匍匐茎和新茎

后，在第四、第六等偶数节处继续形成子苗。在正常的情况下，一根先期抽出的匍匐茎能向前延伸，形成3 ~ 5株子苗。子苗的叶芽，还能继续抽生匍匐茎。

2.叶 草莓的叶为三出复叶，叶柄长度为10 ~ 20厘米，基部有2片合为鞘状的托叶，包在新茎上，称为托叶鞘（图1-3）。叶柄顶端着生3片小叶，两边小叶相对称，中间叶形状规则，呈圆形至长椭圆形，颜色黄色至深绿色，叶缘锯齿状缺刻。叶面有少量茸毛，质地平滑或粗糙，叶片背面茸毛较多。在正常生长条件下，新茎上发生叶片的间隔时间为8 ~ 12天，每株草莓一年中可发生20 ~ 30片复叶。秋季长出的叶片，在适宜环境与保护条件下，能保持绿叶越冬，翌年春季生长一个阶段以后才枯死。不同形状及大小的草莓叶片如图1-4。

图1-3 草莓叶片

图1-4 草莓叶片的形状和大小

3.花 草莓绝大多数品种为完全花，自花结实。花由花柄、花托、花萼、花瓣、雄蕊和雌蕊组成（图1-5）。花瓣通常为白色，一般为5枚，雄蕊20 ~ 35枚，大量雌蕊以离生方式着生在凸起的花托上。花蕾发育成熟后，在平均温度10℃以上时便开始开花。草莓一个生长季节内一般有3 ~ 4个花序，花序多数为二歧聚伞花序或多歧聚伞花序，少数为单花序。1个花序上一般着生15 ~ 20朵花。一级花序的中心花最先开放，其次是中心

图1-5 草莓的花

花的两个苞片间形成的2朵二级花序开放，依此类推。一级花序的花最大，然后依次变小，由于花序上花的级次不同，开花先后不同，因而同一花序上果实大小与成熟期也不相同。高级次花序有开花不结实现象，这样的花称为无效花。

4.果实　草莓的果实是由花托膨大而形成，栽培学上称为浆果，雌蕊受精后形成的种子称为瘦果，并着生在肉质花托上。肉质花托分为两部分，内部为髓，外部为皮层。果实形状因品种不同而有差异，有圆锥形、长圆锥形和楔形等。栽培管理条件对于草莓果实形状具有影响，授粉不良的草莓果实常常畸形（图1-6）。

图1-6　不同时期的草莓果实

5.根系　草莓的根系属于须根系，主要分布在20厘米土壤表层内（图1-7）。不同草莓品种在根系特征上存在差异，一种是新茎上发出的

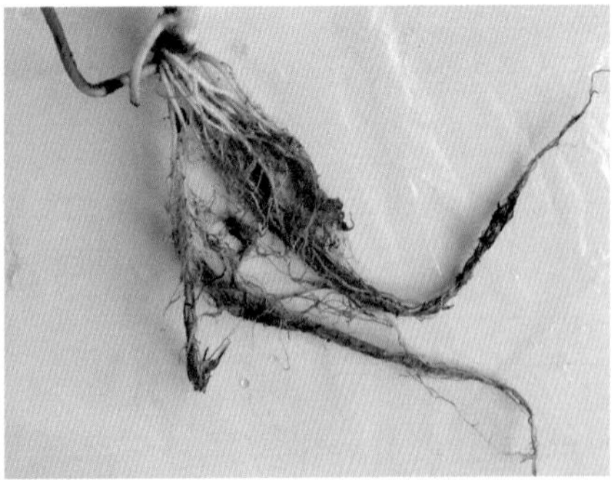

图1-7　草莓的根系

不定根数目多，侧根数目少而粗，如丰香品种的根系；另一种是新茎上发出的不定根数目少，但是侧根数目多而细。一株草莓可发出几十条不定根，新发出的不定根是白色的，之后变黄并且逐渐衰老变成褐色。草莓根系的寿命为1～2年。

二、对环境条件的要求

草莓对环境条件的要求

1. 温度和光照　草莓植株不耐热，较耐寒。生长温度范围10～30℃，适温15～25℃。根生长最适地温17～18℃。匍匐茎发生适温20～30℃。35℃以上或－1℃以下，植株发生严重生理失调，但越冬时根茎能耐－10℃的低温。露地栽培在适温下光饱和点为20 000～50 000勒克斯，低于此限光合作用降低。光照过强并伴随高温时，生育不良。

2. 水分和土壤营养　草莓是浅根性作物，不耐旱，最适于保水、排水、通气性良好、富含有机质、肥沃的土壤。收果期多雨易引起果实腐烂。草莓适宜在中性或微酸性土壤中生长，pH以5.5～6.5为宜。沙性大及地下水位高的土壤不适合栽培草莓。

三、生长发育特性

1. 花芽分化与发育　草莓的多数品种在低温、短日照条件下进行花芽分化，要求的温度范围是5～27℃，适宜温度为15℃左右，日照时数为8～10小时。当温度达30℃以上或5℃以下，不论日照长短，均不能分化花芽。不同品种间，花芽分化需要的低温和日照长短有差异。适当断根、摘除老叶、遮光、减少氮肥用量及短期低温处理等皆可促进花芽分化。

2. 开花、授粉与果实成熟　草莓在日平均温度10℃以上时开始开花，开花后2天花粉萌发力最强，花粉萌发适温25～27℃。开药散粉时间一般从上午9时到下午5时，以上午9～11时为主。开药散粉最适温度为14～21℃，临界最高相对湿度94%。温度过高或过低、湿度过大或遇降雨均不开药，或开药后花粉干枯、破裂，不能授粉。雌蕊受精力从开花当日至花后4天最强，能延至花后1周。由昆虫、风和农事操作传播花粉，授粉后花粉管到达子房所需的时间为24 ～ 48小时。

果实发育成熟适宜日温17 ～ 30℃，夜间6 ～ 8℃，积温约600℃。从开花到果实成熟，日光温室约需50天，而露地草莓一般需25 ～ 30天即可成熟。在日照较强和较低温度的环境中，果实所含芳香族化合物、果胶、色素和维生素C含量均较高。如氮肥过多，植株生长过旺，授粉不良及通风较差，易使草莓果实生长异常，雌蕊、雄蕊和花托变大或变形，结出鸡冠形、扁楔形和蝶形等畸形果。

3. 休眠 草莓植株从秋至冬，受低温短日照的影响，叶中合成并逐渐积累休眠素类物质，促使全株矮化，叶柄缩短，叶片变小，其发生的角度由原来的直立、斜生，发展到与地面平行，呈莲座状匍匐生长，植株即进入休眠状态。休眠后需经过一定时间的低温（–5 ～ 8℃）才能恢复生长。休眠期长短依地区和品种而异。高寒地区的品种休眠程度深，温暖地区的品种休眠程度浅。植株经过一定时间休眠后，体内酶活化加强，产生解除休眠素物质而恢复生长。生理休眠解除后如仍处于低温短日照条件，则植株处于强制休眠状态，只有在温度升高，日照时间达到一定条件时，才能进入正常生长阶段。

4. 生长发育周期 草莓的年生育周期可分为萌芽和开始生长期、现蕾期、开花和结果期、旺盛生长期、花芽分化期及休眠期。

（1）*萌芽和开始生长期* 地温稳定在2 ～ 5℃时，根系开始生长，一般比地上部分早7 ～ 10天。抽出新茎后陆续长出新叶，越冬叶片逐渐枯死。春季开始生长的时期在江苏省南部地区为2月下旬，华北地区为3月上旬。

（2）*现蕾期* 地上部分生长约30天后出现花蕾。当新茎长出3片叶，而第四片叶还未全部长出时，花序在第四片叶的托叶鞘内显露。

（3）*开花和结果期* 从现蕾到第一朵花开放约需15天。由开花到果实成熟又需30天左右。整个花期持续约20天。在开花期，根的延续生长逐渐停止，变黄，根茎基部萌发出不定根。到开花盛期，叶数和叶面积迅速增加。

（4）*旺盛生长期* 浆果采收后，植株进入迅速生长期。先是腋芽大量发生匍匐茎，新茎分枝加速生长，基部发生不定根，形成新的根系。匍匐茎和新茎大量产生，形成新的幼株，这一时期是草莓全年营养生长的第二个高峰期，可持续到秋末。

（5）花芽分化期 旺盛生长后，在日均气温15～20℃和10～12小时短日照条件下开始花芽分化。一般品种多在8～9月或更晚一些才开始分化，翌年4～6月开花结果。花芽分化一般在11月结束。在夏季高温和长日照条件下，只有四季草莓能进行花芽分化，当年秋季能第二次开花结果。

温馨提示

在花芽未分化期定植，易出现开花不整齐，应该注意花芽分化在高纬度地区会早一些，低纬度地区比较迟。同纬度地区海拔越高，花芽分化的早。

（6）休眠期 花芽形成后，由于气温逐渐降低，日照缩短，草莓便进入休眠期。

温馨提示

休眠是草莓抵御冬季严寒的自卫手段，打破休眠需要低温条件。低温量不足时，植株矮化，产量无法提高。因此，要想提高产量，需要给予草莓适量的低温量。

淡雪

来源：日本奈良县果农经过20多年选育成而。

果实大小：平均单果重10～15克。

品种特性：白草莓品种。植株长势健壮，叶色深绿，有光泽。果实圆锥形，果面淡粉色，果肉白色，温度升高时会变为粉色，边缘粉红色；果肉细腻绵软，口味清香，髓心空洞较小，可溶性固形物含量8%～10%。抗病力弱（图1-8）。

图1-8 淡 雪

丰香

来源：日本农林水产省园艺试验场久留米分场以绯美子与春香杂交育成。

果实大小：平均单果重32～65克。

品种特性：植株生长势强，株型直立半开张。果实圆锥形或短圆锥形，种子稍凹于果面，颜色鲜红，色泽艳丽；果肉细腻，白色或浅红色，髓部易产生小空洞，口味香甜，味浓。果实硬度中等，不耐运输。属于早熟品种，植株适应性较强，耐热抗寒，易感草莓白粉病，对草莓灰霉病有一定抗性。适合日光温室促成栽培（图1-9）。

图1-9 丰 香

鬼怒甘

来源：日本栃木县宇都宫市农民渡边宗平等从女峰品种变异株中选育而成。

果实大小：平均单果重35～68克。

品种特性：植株生长势较强，高大，株型直立。花序长，花数多。匍匐茎抽生多，连续坐果能力强。果实圆锥形，果面红色，种子凹入果面；果肉淡红色，髓心空洞小或无，口味香甜，风味浓。果实硬度高，耐贮运。对草莓白粉病、草莓灰霉病均有较强抗性。对环境适应性较强，抗寒性和耐高温能力强，适合我国南北各地露地、温室栽培（图1-10）。

图1-10 鬼怒甘

国外引进品种

红颜

来源：日本静冈县农业试验场以章姬为母本，以幸香为父本杂交而成。

果实大小：平均单果重18克，最大果重50克以上。

品种特性：植株高大，高25～30厘米，长势强。单株花朵数40个左右，匍匐茎抽生能力较强。果实长圆锥形，鲜红色，有光泽；果肉粉红色，肉质细腻，风味香浓，酸甜适口。耐贮运性较好。夏季不耐高温、不耐涝，对草莓白粉病、草莓炭疽病和草莓细菌性角斑病抵抗能力弱。在冬季低温条件下连续结果性好，适合日光温室促成栽培（图1-11）。

图1-11 红 颜

枥乙女

来源：日本枥木县农业试验场以久留米49号为母本，以枥峰为父本杂交而成。

果实大小：平均单果重40～80克。

品种特性：植株生长势强，直立，株高约25厘米。花序长，花数多，连续结果能力强。果实短圆锥形，果面鲜红色，光泽强；果肉淡红色，髓心小，稍空，果肉细腻，味香甜。果实硬度高，耐运输。属中早熟品种，抗旱、耐高温，易感草莓白粉病。适合促成、半促成栽培（图1-12）。

图1-12 枥乙女

弥生姬

来源：日本群马县用枥乙女与TONEHOPPE杂交育成。

果实大小：平均单果重18克左右。

品种特性：植株高大直立。果实圆锥形，果大，果肉浅红色，味道鲜甜，甜酸比高。果实硬度高，耐贮存。轻感草莓白粉病（图1-13）。

图1-13 弥生姬

隋珠

来源：又称香野，由日本三重县农业研究所育成。

果实大小：平均单果重25 ~ 75克。

品种特性：株高25 ~ 30厘米，株型开张。叶片大，叶色浅绿。花序为丛花型，花茎长，高于叶面，花序连续抽生快，连续结果能力强。果实圆锥形或长圆锥形，橘红色，果面平整；果肉淡红色，髓部有小空腔。果实较硬，耐贮运性好。早熟品种，对草莓炭疽病的抗性强于章姬和枥乙女，对草莓白粉病抗性强，但是易感草莓黄萎病和草莓灰霉病（图1-14）。

图1-14　隋　珠

幸香

来源：由日本农林水产省野菜茶叶试验场以丰香为母本，以爱莓为父本杂交而成。

果实大小：一级序果平均单果重20克，最大单果重30克以上。

品种特性：植株长势中等，较直立，株高18 ~ 22厘米。叶片小而厚，叶色浓绿。单株花序3 ~ 8个。果实圆锥形，果形整齐，果面深红色，具有光泽；果肉细腻，浅红色，味道香浓，口感甜。果实硬度好，耐贮运性好。属早中熟品种，易感草莓白粉病和草莓炭疽病（图1-15）。

图1-15　幸　香

章姬

来源：由日本静冈县民间育种家荻原章弘以久能早生为母本，以女峰为父本杂交而成。

果实大小：平均单果重15克。

品种特性：植株高大、直立，生长势强，株高25 ~ 30厘米。叶大，叶色浓绿有光泽。花序长，花数较多，连续结果能力强。匍匐茎抽生能力强。果实长圆锥形或长纺锤形，艳红色，有光泽；果肉红色，肉质松软，味甜。果实偏软，不耐贮运。抗病性较差，较易感染草莓白粉病和草莓灰霉病。适合日光温室和塑料大棚促成栽培（图1-16）。

图1-16　章　姬

阿尔比

来源：美国加州大学以钻石为母本，Cal94.16-1为父本杂交育成。

果实大小：平均单果重31 ～ 60克。

品种特性：植株长势较强，株型直立。叶片椭圆形。果实圆锥形，颜色深红有光泽；果肉红色，髓心中空，肉质细腻，酸甜适中，风味中等。果实硬度高，耐贮运性好。综合抗性强，对草莓黄萎病、草莓根腐病、草莓炭疽病均有较好抗性。日中性品种，可全年产果，适合各种栽培形式（图1-17）。

图1-17　阿尔比

安娜

来源：西班牙四季草莓品种。

果实大小：平均单果重36 ～ 95克。

品种特性：植株生长势强，直立而紧凑，平均株高17厘米。叶大，椭圆形，浓绿有光泽。每株有1 ～ 3个花序，每个花序有1 ～ 3朵花，连续坐果能力强。果实为钝圆锥形或楔形，鲜红色，有光泽，种子平嵌果面；果肉橘红色，髓心部分稍有中空，风味酸甜。果实硬度高，耐贮运性好。抗病力强，可全年产果，适宜日光温室促成栽培和室内盆栽（图1-18）。

图1-18　安　娜

常得乐

来源：美国加州大学用Douglas与Cal72.361-105（C55）进行杂交育成。

果实大小：平均单果重18 ～ 70克。

品种特性：植株长势稳健，半开张。叶色深绿，叶片近圆形，有光泽。花序梗粗壮，低于叶面。果实圆锥形或长圆锥形，鲜红色，口味甜酸。硬度好，耐贮运性好。抗病力强（图1-19）。

图1-19　常得乐

卡波利罗

来源：美国加州大学用Cal 3.149-8与Cal 5.206-5进行杂交育成。

果实大小：平均单果重18 ~ 60克。

品种特性：株型稍大、直立。果实短圆锥形，鲜红色至深红色，有光泽；果肉匀称度高，颜色浅，风味佳。果实硬度高，耐贮存。中抗草莓白粉病、草莓黄萎病，中感草莓炭疽病。日中性品种，能适应不同的栽培措施（图1-20）。

图1-20　卡波利罗

卡姆罗莎

来源：又称为童子一号，由美国加州大学育成。

果实大小：平均单果重24 ~ 37克。

品种特性：株型直立，半开张，长势强，株高22.8厘米。叶片较大，圆形，暗绿色。花序梗粗而直立，两性花。果实为圆锥形或楔形，果面亮红色，种子略低于果面；果肉红色，髓心小，酸甜适中，香味浓。果实硬度高，耐贮运性好。抗逆性好，能抗多数病害。晚熟品种，适宜日光温室和塑料大棚促成栽培（图1-21）。

图1-21　卡姆罗莎

蒙特瑞

来源：美国加州大学以阿尔比为母本，以Cal 97.85-6为父本杂交育成。

果实大小：平均单果重33 ~ 60克。

品种特性：植株长势中等，较直立。叶片厚，叶色浓绿。果实略大于阿尔比，圆锥形，鲜红色，硬度比阿尔比略小；果肉细腻，风味独特，酸甜适口。耐高温，抗病性较好，但易发生草莓白粉病。日中性品种，花芽分化不受光照长短影响，条件适合可四季开花结果，连续坐果能力强（图1-22）。

图1-22　蒙特瑞

圣安德瑞斯

来源：由美国加州大学以阿尔比和Cal 97.86-1杂交而成。

果实大小：平均单果重高于芳香、钻石。

品种特性：植株生长势强，株型小而紧凑。果实圆锥形，果面红色，光泽度好；果肉红色，种子平于果面或凹于果面，风味好。果实硬度高，耐贮运性好。对草莓白粉病、草莓炭疽病、草莓黄萎病、草莓叶斑病、草莓病毒病等病害抗性均较强，管理适当，对叶螨抗性较好。属于日中性品种，开花不受日照长短影响，条件适宜就可开花（图1-23）。

图1-23 圣安德瑞斯

圣诞红

来源：由西班牙艾诺斯种业推出，因在圣诞节期间就能成熟而得名。

果实大小：平均单果重35.8克，最大单果重64.5克。

品种特性：植株生长势强，株型直立，株高19厘米。叶片平展，椭圆形，黄绿色，有光泽。成花及连续坐果能力强。果实圆锥形，果面平整，有光泽；果肉橙红色，髓心白色，无空心，果肉细腻，酸甜适口，风味较浓，口感佳。果实硬度强于章姬，弱于红颜，耐贮运性中等。属早熟品种，耐寒性、耐旱性均较强，对草莓白粉病和草莓灰霉病抗性均较强，对草莓炭疽病中抗（图1-24）。

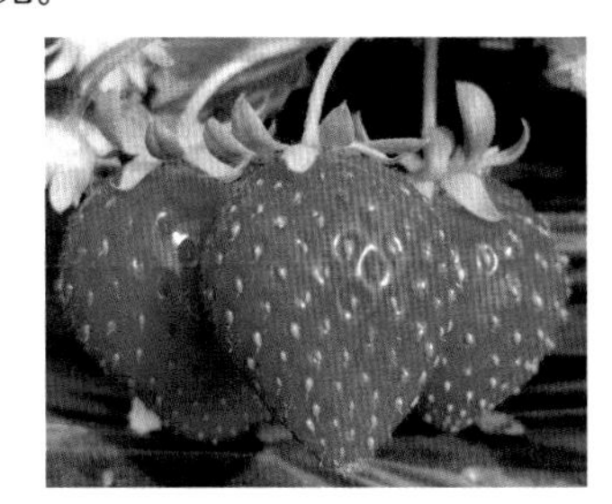

图1-24 圣诞红

甜查理

来源：以FL80-456为母本，以派扎罗为父本杂交而成。

果实大小：平均单果重17克，最大单果重105克。

品种特性：植株根系发达，生长势强，株高19～26厘米。叶片近圆形，较厚，绿色至深绿色。果实圆锥形，果形整齐，果面鲜红色；果肉橙红色，中心髓部组织颜色稍浅，有中空现象，口感酸甜脆爽，香气浓郁。果实硬度高，耐贮运性好。属早熟品种，对高温和低温的适应能力强，对草莓白粉病、草莓灰霉病和草莓炭疽病抗性均较强，较少有病害发生（图1-25）。

图1-25 甜查理

白雪公主

来源：北京市农林科学院林业果树研究所选育而成的白系草莓优良品种。

果实大小：最大单果重48克。

品种特性：植株株型小，生长势中等偏弱。叶色深绿。果实圆锥形或楔形，果面纯白，但温度高时会着粉色；果肉为纯白色或淡黄色，口感香甜，风味独特，有黄桃的香味，入口即化。抗草莓白粉病能力强，适宜日光温室促成栽培（图1-26）。

图1-26　白雪公主

红玉

来源：由杭州市农业科学研究院以红颜与2008-2-20（甜查理与红颜的杂交后代）杂交育成。

果实大小：平均单果重23克。

品种特性：植株生长势强，株型直立，株高22厘米左右。果实长圆锥形，果面红色；果肉淡红色，口感甜，风味浓。果实耐贮运性好。耐低温弱光，连续结果能力强。苗期抗草莓炭疽病，生长期对草莓灰霉病、草莓白粉病抗性较强。适合日光温室促成栽培（图1-27）。

图1-27　红　玉

冬星

来源：由河北省农林科学院石家庄果树研究所以丰香为母本，以拉松5号为父本杂交选育而成。

果实大小：平均单果重38.4 ～ 78克。

品种特性：植株生长势强，株型直立，株高15.5厘米。两性花，花序低于叶面，较直立，连续结果和自然坐果能力强。果实长圆锥形，果面红色，平整，着色均匀；果肉橙红色，细腻绵密，髓心和空洞小，酸甜适中，风味浓。果实硬度高，耐贮运。对草莓叶斑病、草莓革腐病、草莓灰霉病、草莓炭疽病等多种病害有较好抗性。适宜日光温室促成栽培（图1-28）。

图1-28　冬　星

国内品种

红袖添香

来源：由北京市农林科学院林业果树研究所以卡姆罗莎为母本，以红颜为父本杂交选育而成。

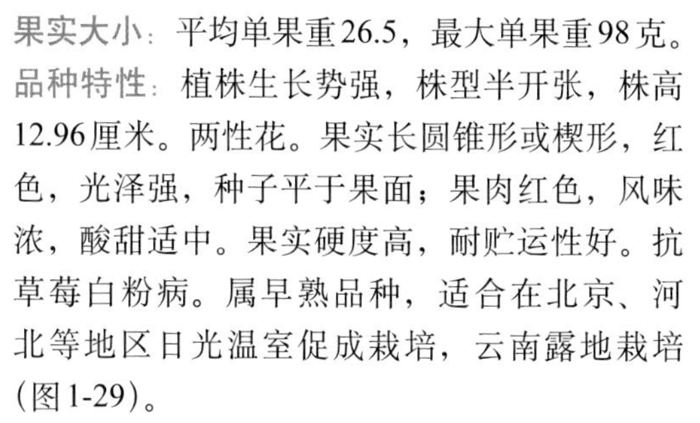

果实大小：平均单果重26.5，最大单果重98克。

品种特性：植株生长势强，株型半开张，株高12.96厘米。两性花。果实长圆锥形或楔形，红色，光泽强，种子平于果面；果肉红色，风味浓，酸甜适中。果实硬度高，耐贮运性好。抗草莓白粉病。属早熟品种，适合在北京、河北等地区日光温室促成栽培，云南露地栽培（图1-29）。

图1-29　红袖添香

点雪

来源：北京选育。

果实大小：平均单果重36.5克。

品种特性：植株强壮。连续结果能力强。果实呈圆锥形或纺锤形，果面呈微粉的鲜红色，有光泽；果肉红色，无髓心，含糖量高，酸度适宜，风味好，带有葡萄酒的香气。果实硬度比红颜弱，不耐贮运。抗病性强（图1-30）。

图1-30　点　雪

京藏香

来源：由北京市农林科学院以早红亮为母本，红颜为父本杂交选育而成。

果实大小：平均单果重32克，最大单果重55克。

品种特性：植株生长势强，株型紧凑，株高25厘米左右。连续坐果能力强。果实圆锥形，鲜红或深红色，带蜡质，光泽度好；果肉淡红色，多汁，风味好，髓心无空洞。果实耐贮运性好。较抗草莓灰霉病，中抗草莓白粉病。属早熟品种，适宜日光温室促成和半促成栽培（图1-31）。

图1-31　京藏香

京留香

来源：由北京市农林科学院果树研究所以卡姆罗莎为母本，以红颜为父本杂交选育而成。

果实大小：平均单果重34.5克，最大单果生52克。

品种特性：植株生长势强，株型直立，株高12.8厘米。花序分歧，两性花，花序抽生能力强，自然坐果率高。果实长圆锥形或长楔形，红色，有光泽，果面平整；果肉橙红色，风味酸甜适中，有香味。对多种病虫害均表现出较强的抗性。适合在北京地区及生态条件相似区域栽培（图1-32）。

图1-32 京留香

京泉香

来源：由北京市林业果树科学研究院以给维塔为母本，以红颜为父本进行杂交选育而成。

果实大小：平均单果重38.4 ~ 90克。

品种特性：植株生长势强，株型半开张，株高18.9厘米。叶圆形，绿色。花序分歧，高于叶面，两性花。果实长圆锥形或楔形，红色，有光泽；果肉橙红色，风味浓，酸甜适中。果实硬度与红颜相当，耐贮运性好。较抗草莓灰霉病，对草莓白粉病抗性相对较差。适合日光温室促成栽培（图1-33）。

图1-33 京泉香

京桃香

来源：由北京市农林科学院林业果树研究所以达赛莱克特为母本，以章姬为父本杂交选育而成。

果实大小：平均单果重31克，最大单果重49克。

品种特性：植株长势较强，株型半开张，株高10.8厘米。叶片椭圆形，革质粗糙，有光泽。果实圆锥形或楔形，果面红色，有光泽，种子平于果面；果肉橙红色，酸甜适中。适合在北京地区及生态条件相似区域栽培（图1-34）。

图1-34 京桃香

九天红韵

来源：由合肥市艳九天农业科技有限公司以丰香为母本，以Y-1-5为父本杂交育成。

果实大小：平均单果重35 ~ 61.5克。

品种特性：植株长势强，株型高大开张，株高30 ~ 32厘米。花序高于叶面，连续抽生性好，坐果率高。果实圆锥形或楔形，艳红色，有光泽，果面平整，种子微凹于表面；果肉橙红色，髓心白、无空洞，酸甜适中，香味浓郁。耐贮运性好。中抗草莓白粉病，较抗草莓灰霉病，虫害发生率较小。适合安徽及生态条件相似地区温室和设施大棚栽培（图1-35）。

图1-35 九天红韵

妙香7号

来源：山东农业大学以红颜和甜查理杂交育成。

果实大小：平均单果重35.5 ~ 120克。

品种特性：果实圆锥形或长圆锥形，果面鲜红色，有光泽；果肉鲜红，肉质细腻，香味浓郁，髓心小。耐盐碱，耐低温，抗病性强，属于中早熟品种（图1-36）。

图1-36 妙香7号

宁玉

来源：江苏省农业科学院园艺研究所以幸香为母本，以章姬为父本杂交选育而成。

果实大小：平均单果重24.5 ~ 52.9克。

品种特性：植株生长势强，株型半直立。叶片椭圆形，绿色有光泽。果实圆锥形，果面鲜红有光泽；果肉橙红色，肉质细腻，果实偏甜，香气浓。果实硬度高，耐贮运性好。耐热、耐寒性强，抗草莓炭疽病和草莓白粉病。属于极早熟品种，适合我国大部分地区促成栽培（图1-37）。

图1-37 宁 玉

蜀香

来源：四川省农业科学院园艺研究所以Queen-Elisa为母本，以丰香为父本杂交选育而成。

果实大小：平均单果重28 ~ 50克。

品种特性：植株长势较强，株型开张，高约15厘米。叶片绿色，厚度中等，光泽亮。两性花，花序梗较粗，直立生长，与叶面平或低于叶面。连续结果能力强。果实圆锥形，果面深红色有光泽，果面平整，种子微凹于果面；果肉淡红色，无髓心，酸甜适口，香味浓。果实硬度高，耐贮运性好。高抗草莓炭疽病、草莓灰霉病，中高抗草莓白粉病。适合西南地区促成栽培和半促成栽培（图1-38）。

图1-38　蜀　香

小白

来源：辽丹1号（红颜复壮品种）脱毒组培芽变品种，由北京奥仪凯源蔬菜种植专业合作社育成，是首个国人自主培育的白草莓品种。

果实大小：平均单果重28 ~ 30克。

品种特性：植株高大，叶片直立，生长旺期株高30厘米。植株分茎数较少，花量较少，授粉和结果性好。果肉长圆锥形。12月至翌年3月，果面为白色，4月以后转为粉色；成熟果肉淡红色，有黄桃味道。抗草莓白粉病能力较强，耐低温弱光能力强（图1-39）。

图1-39　小　白

紫金粉玉

来源：由江苏省农业科学院果树研究所以红花品系08-1-N-5为母本，以白花品系09-8-S-9为父本杂交选育而成。

果实大小：平均单果重16.85克。

品种特性：植株长势中等，株型半直立，株高12.8厘米。叶片椭圆形，绿色，光泽度弱。两性花，连续坐果能力强。果实圆锥形，红色，果面平整，光泽度强，种子分布均匀；果肉浅红色，肉质韧，风味酸甜，香味浓。果实硬度高，耐贮运性好。耐高温，综合抗性强，对草莓炭疽病、草莓白粉病、蚜虫等病虫害均有较好抗性。适宜在长江流域草莓产区及气候条件相似的地区日光温室栽培或盆栽（图1-40）。

图1-40　紫金粉玉

第 2 章 水肥管理技术

一、科学施肥

草莓种植施肥要科学、合理，施肥过少会导致肥力不足，施肥过多易造成烧苗，产生肥害。需根据草莓对于肥料的需求特点，做好定时、定量地补充肥料，提高肥料利用效率，才能保证草莓正常生长。

1. 施底肥　草莓促成栽培结果期长、产量高，对营养需求量较大，施足底肥对草莓的丰产优质尤为重要。一般在定植前7 ~ 10天施底肥、整地、作畦，底肥的施用量要根据前茬生产结束后土壤肥力的测定值来确定，肥力高可少施或不施底肥，肥力中等要适当施肥，做到营养平衡。通常每亩* 施用腐熟的优质有机肥3 000 ~ 5 000千克。有条件的种植园区、科技展示基地、大型农企基地等多选用商品型腐熟有机肥（图2-1），个体农户种植生产则较多采用自制型腐熟有机肥（图2-2）。商品型腐熟有机肥使用比较简单，从商家购买配比好、杂质少、腐熟好的有机肥，在土壤旋耕前直接均匀撒施即可（图2-3）。自制型腐熟有机肥是将制肥原料堆积并盖紧、盖严塑料薄膜（图2-4），在高温下暴晒20天左右，充分腐熟制成。使用腐熟不完全的有机肥容易产生烧苗，也易导致土传病害发生。自制型腐熟有机肥反复捣碎后再均匀撒施（图2-5）；同时撒施总养分含量≥51%，氮、磷、钾

图2-1　商品型腐熟有机肥

图2-2　自制型腐熟有机肥

* 亩为非法定计量单位，1亩≈667米^2。

含量为17-17-17的硫酸钾型复合肥30 ～ 50千克，在促进草莓根系生长的同时，提高草莓抗逆性，提高微量元素的吸收率，有效预防作物缺素症，促进土壤团粒结构形成，改良土壤，提高土壤保水保肥能力，提高根系附着力。另外，还需施撒过磷酸钙30 ～ 40千克、抗重茬生物菌肥2千克。整地前，需要均匀撒施复合肥料（图2-6），为下一步土壤旋耕整地做好准备（图2-7）。

土壤消毒后有害菌和有益菌均可被大量杀灭，因此，要及时补充有益菌，改良土壤微生态环境，促进草莓根系健康生长。

图2-3　均匀撒施商品型腐熟有机肥

图2-4　自制有机肥腐熟过程中

图2-5　均匀撒施自制型农家腐熟有机肥

图2-6　均匀撒施复合肥料

2. 追肥　草莓在不同生长阶段需选择不同比例的复合肥进行追肥。铺设地膜前应追肥一次，在定植缓苗到第一次开花时应使用高磷型磷酸二铵进行追肥。每个棚室一次追肥用量在1.5 ~ 2千克即可。注意肥料的用量不宜过大，由于底肥很充足，刚缓的新苗很弱小，不需要补充太多营养，否则容易烧苗或产生肥害。第一、第二次追肥需要间隔2周左右的时间。

图2-7　土壤旋耕

北方地区11月初进入花期管理阶段，此时应开始少量追肥，第一次开花到第一次坐果应使用氮、磷、钾含量为20-20-20的“圣诞树”全水溶性肥料。

随着草莓进入盛果期，追肥量也应逐渐增加，使植株长势旺盛，以防植株早衰。追肥量每亩每次由2.5 ~ 3千克逐渐增加到每次4 ~ 5千克，最后逐渐固定为每10天利用水肥一体化设施追肥一次。从第一次坐果到拉秧，需使用硫酸钾肥料、氮、磷、钾含量为16-8-34的高钾型复合肥料进行追肥。只有做好定期、定时、有效、正确地追肥，才能满足植株生长和果实成熟对养分的需求，从而保证果实品质。

追肥最好少追氮肥，以免果实着色不良，出现徒长软果的现象。

二、合理灌溉

1. 滴灌施肥系统的好处　草莓栽培过程中为了操作方便，减少劳动量，同时从一定程度上避免病害大面积发生，可采用滴灌进行灌水和施肥。滴灌施肥是利用压力灌溉系统将肥料溶于水中，借助施肥装置

（图2-8）使水肥混合液通过输水管路以点滴的形式输入作物根区土壤的灌溉技术（图2-9）。由于滴灌施肥是将水肥直接供应到根系活动层，因此，植株根系吸收快，肥料淋洗损失少，可提高水肥的利用效率。滴灌带结合地膜覆盖（图2-10），可有效降低棚室内的湿度，同时可保证灌溉均匀，减少病害发生及农药使用，可显著提高草莓的产量和品质。同时，滴灌施肥系统结合智能灌溉控制器（图2-11）后能实现自动化控制，提高设备的利用率，可以充分做到节水、节肥、省工，灌溉水的利用效率可达到95%，相比于大水漫灌可省水近40%。

图2-8　施肥装置

图2-9　滴灌施肥

图2-10　滴灌带结合地膜覆盖

图2-11　智能灌溉控制器

2. 滴灌、施肥系统组成　滴灌系统一般由水源水泵（图2-12）、首部设备（图2-13）、给水管（图2-14）、输配水管网组成。水源要符合植物生长的需求，没有污染和杂质，否则易造成植株染病、死亡和滴灌

图2-12　水源水泵

图2-13　首部设备

图2-14　滴灌主管道给水管

系统堵塞。滴灌系统规格和型号需根据生产实际进行设计，滴灌施肥的首部枢纽主要由有压水源、变频设备、施肥设备、过滤设备、进排气阀、流量及压力测量仪等组成。变频设备可以实现自动变频、调速、恒压供水；施肥设备用于将肥料、防治药剂等按一定比例与灌溉水混合并注入滴灌系统；过滤设备可将灌溉设备水中的固体颗粒物滤除，防止系统堵塞；进排气阀可以在开启供水时及时将管道内的空气排出，避免压力过大而影响水流，同时在停止供水时及时补入空气，避免管道内形成真空，从而吸入土壤颗粒等杂物。常见的过滤设备有离心式过滤器、叠片过滤器及筛网过滤器，如果用旧滴灌带，一定要检查破损漏水和堵塞情况。

3. 滴灌、施肥系统的安装　一般应在草莓种植前，将滴灌、施肥系统地下主管道铺设好。滴罐系统主要包括水泵、过滤系统、施肥系统及首部设备；施肥系统主要包括过滤器、水表、空气阀、安全阀、球阀、施肥罐（图2-15）、电控开关等。

安装滴灌施肥系统

（1）首部的位置　根据温室长短和水压确定首部的位置。如温室长50米，首部可安装在温室一侧；温室长100米，首部可安装在温室中部（图2-16），也可在1/3处对称安装1～3个首部。

图2-15　施肥罐

图2-16　首部的位置

（2）滴灌孔间距和流量的选择　如草莓的株距是15～20厘米，则滴灌管滴孔间距设为10～20厘米即可。滴灌孔流量一般为0.6～2升/小时。

（3）滴灌管的安装　每条垄安装1～3条滴灌管或滴灌带（图2-17至图2-19），并且拉直。

（4）滴灌系统的调试　检查滴灌管是否有堵塞或破损，如发现堵塞或破损需及时疏通、修补或更换，保证灌水的畅通与均匀。

图2-17　安装滴灌带

图2-18　每垄安装3条滴灌带

图2-19　每垄安装1条滴灌带

（5）施肥器的选择　可选择压差式施肥罐、文丘里施肥器（图2-20）或比例施肥泵。相对于压差式施肥罐，文丘里施肥器和比例施肥泵的灌溉施肥更为均匀。另外，农户可根据自身条件采用干净的大塑料桶自制简易水溶肥施肥器（图2-21）。

图2-20　文丘里施肥器

图2-21　简易水溶肥施肥器

三、水肥一体化

水肥一体化技术（图2-22）是指灌溉时将定量的水溶肥通过施肥器与滴灌主管道并联在一起，通过水流将水溶肥快速、均匀地施入草莓根部，同时满足草莓对水和肥料的需求，节水、节肥，改善微生态环境，减少病虫害发生，增加产量，改善品质，提高经济效益。草莓生长周期长，结果期也长，对水分和肥料的需求量较大，因此要不断地供给充

水肥管理

图2-22　水肥一体化

足的水分和养分，否则会引起植株早衰而导致减产。

1.判断植株是否缺水 在生产上判断草莓植株是否缺水，可通过查看土壤表面是否湿润，及观察草莓植株判断。如果土壤不易攥成团或者叶片边缘没有吐水的现象，说明土壤缺水，此时应当立即浇水。如果发现叶片边缘有吐水现象（图2-23），草莓叶片平展饱满，颜色鲜绿（图2-24），则说明土壤不缺水。

图2-23 草莓叶片吐水

图2-24 叶片平展鲜绿，不缺水的表现

草莓科学灌溉，要做到“表面干燥，内部潮湿”，灌溉节奏要掌握好见干见湿。

2.灌溉方式 在温室栽培条件下，不宜采取大水漫灌，因为大水漫灌容易增高温室内空气湿度引发病害，同时还会使土壤升温慢，延缓植株生长发育。目前，生产上多采用膜下滴灌，滴灌（图2-25）可以使植株根茎部位保持湿润，有利于植株生长，节约用水量，同时防止土壤温度过低。定植至缓苗期，浇足定植水后4～5天，每天早上和傍晚各浇一次水，之后可减少浇水，只在早上浇水即可。缓苗后视天气情况5～7天浇一次水，保持土壤湿润，尤其是果实膨大期，土壤含水量

图2-25 滴 灌

图2-26　植株顶花序现蕾

图2-27　草莓果实转白膨大期

图2-28　草莓采收期

应保持在80%左右，否则会影响果实膨大和植株生长。浇水时间控制在上午10时左右开始，12时之前结束，下午尽量不浇水。

3.肥料的施用　除了在定植前施入底肥外，在整个植株生长期还要及时追肥，一般追肥与灌水结合进行。注意氮、磷、钾肥的合理搭配，开花前期可叶面喷施肥料，开花后最好采用滴灌追肥。为便于操作和提高施肥效果，可使用全水溶性复合肥，肥料中通常含有氮、磷、钾和多种微量元素。

追肥方法：第一次，在铺地膜前，植株顶花序现蕾（图2-26）时，此时追肥的作用是促进花序生长。第二次，在铺地膜以后，顶花序果实开始转白膨大（图2-27）时，即果实膨大期，此次追肥的量可适当加大，施肥种类以磷、钾肥为主。第三次，在顶花序结果时至采收前期以磷、钾肥为主，促进果实膨大转色，形成健康的果实（图2-28）。第四次，在顶花序果实采收后期，植株会因结果而造成养分大量消耗，及时追肥可弥补养分亏缺，确保植株此后正常生长。需每隔7 ~ 10天追肥一次，每次施入全水溶性复合肥每亩3 ~ 5千克。生长期内，视草莓的生长情况还需适当补充微量元素，最好使用螯合态微量元素肥。

第 3 章 草莓种苗繁育

草莓种苗繁育有匍匐茎繁殖、新茎分株繁殖、微繁殖和种子繁殖4种方式，前3种属于无性繁殖，后代能与亲代保持高度一致，具有遗传稳定性，种子繁殖属于有性繁殖。生产上普遍采用的是匍匐茎繁殖（图3-1、图3-2），这种方式的优点是方法简单、管理方便，每株草莓苗可以抽生出多条匍匐茎，每个生长季可形成几十株子苗，每亩每年可繁殖数万株生产用苗。

图3-1　草莓匍匐茎繁殖

图3-2　匍匐茎繁殖育苗

一、露地育苗技术

1. 建立种苗繁育基地　草莓育苗基地应选择地势较高、土地平整，疏松、肥沃、富含有机质、排灌方便、前茬未种过草莓或已轮作过其他作物、水电及排水设施齐全、通风效果好、无遮挡物的地块（图3-3）。地块选好后，需平整好土地（图3-4），做好前期准备。前茬种植烟草、马铃薯和番茄的地块不宜选用。整地前每亩施入优质厩肥2 000 ～ 3 000千克，磷酸二铵30 ～ 40千克，深翻平整后做成1 ～ 1.5米宽的平畦（图3-5）。露地原种圃的草莓（图3-6），春季温度一回升就会开始生长，挑选健壮母株，3月底至4月上旬栽植于育苗圃，还可以在4月底到5月初，从栽培田中选择优良的母株进行繁殖。

2. 土壤消毒　不管上茬种植的作物是不是草莓，对整理好的地块都要进行土壤消毒。一般可采用棉隆和氯化苦进行土壤消毒，还可以采用臭氧消毒法进行消毒。臭氧消毒法是在草莓种苗繁育前，先将土壤做成

图3-3 选择无遮挡物的地块

图3-4 平整好的育苗地

图3-5 平 畦

图3-6 露地原种圃的草莓

高20 ~ 40厘米的高垄，同时覆盖黑色专用消毒薄膜，四周密闭压实，输入臭氧对土壤进行消毒。起高垄可以使土壤消毒的效果更充分和更全面，对土传病害的防治效果更佳，促进种苗健康，实现高产。还可以采用最为便捷的太阳能消毒法，通常在7 ~ 8月高温夏闲时进行。该方法比较简单，一般有两种方式。

①每亩投入经切碎的稻秸1 000千克和有机肥2 000千克，加入生石灰50千克，翻耕后，将水灌至高出地面，用尼龙地膜覆盖密封7 ~ 10天。揭膜后让土壤将水分自然吸干，加施饼肥100千克，复合肥40千克，底肥用量为总施肥量的70%。

②在苗床或棚室土壤表面每亩撒施生石灰100 ~ 150千克，炉渣粉75 ~ 96千克，麦糠或切碎的麦秸250 ~ 300千克，腐熟的有机肥100千克，翻耕后在地块四周边缘起垄，垄高约0.5米，将塑料薄膜覆盖整个地块，只留下灌水孔，之后向薄膜内部土壤灌水，至土壤表面不再渗

水为止，注一次水后不再注水。塑料薄膜持续覆盖15 ～ 20天，土壤内部温度可达到48℃以上，甚至达到60℃以上，可有效杀死多种病原和线虫。

3. 整地起垄作畦　育苗田经过土壤消毒以后，需晾晒10天左右，再进行整地起垄，每亩需要撒施腐熟的有机肥2 000千克左右，氮、磷、钾含量为15-15-15的复合肥30千克，土壤旋耕深度为30厘米。为使土壤和肥料混合均匀，需旋耕3 ～ 5遍。

种苗繁育一般采用平畦（图3-7）或高垄（图3-8）。排水方便的育苗地常采用平畦育苗，畦面宽150 ～ 180厘米；排水条件较差的育苗地一般采用高垄育苗，垄面宽120 ～ 150厘米，垄沟深、宽均为20厘米左右。种苗定植前，应在垄面左、中、右铺设3条滴灌带（图3-9）和微喷系统（图3-10），有条件的可加装新型微喷头（图3-11），通过滴灌微喷洇垄。

图3-7　平畦育苗

图3-8　高垄育苗

图3-9　3条均匀的滴灌带

图3-10　微喷系统

图3-11　新型微喷头

4. 母株的选择　繁育健康种苗首先要选择优良的母株。利用脱毒种苗作为母株（图3-12），才能繁育出高产、优质、无毒的生产苗。母株要求品种纯正、植株健壮，根茎粗在0.8厘米以上，根系发达，一般要求有8条以上根系。子苗或新茎苗植株要完整，无病虫害。繁育草莓一代苗时，应选健壮、茎基部粗壮、根系发达、具有4～5片深绿色叶片、无病虫的原种苗作为母株。草莓种苗的培育过程非常复杂，首先需要从当年促成栽培地中优选母株作为原种苗（图3-13），历经夏秋两季繁育出子苗（一代苗，图3-14），再从中优选作为母株，定植在育苗地，继而进一步繁育出生产用苗。

图3-12　草莓脱毒种苗培育

图3-13　草莓原种苗

图3-14　草莓一代苗

5. 母株的定植　草莓母株的定植繁育分春季定植和秋季定植两种。春季定植繁育时间为4～8月，秋季定植繁育时间为9月至翌年的4～5月。

春季定植比较常见。北方地区一般在3月中旬至4月上旬进行栽植（图3-15），即当土壤化冻之后，草莓萌芽之前栽植。过早栽植不便起苗，过晚栽植，种苗已萌发，消耗养分，不仅影响种苗成活，也削弱植株的生长势和抽生匍匐茎的能力。首先将育苗地做成1.5米宽的畦面，再在畦的中间定植一行母株，株距为50厘米，母株栽培时不要伤根，运输过程中注意根部保湿，裸露时间不宜过长。栽苗时要使根系舒展，以利于根系生长发育。一般每亩可定植2 500株左右，每棵母株可繁育生产苗20～30棵。不耐高温、匍匐茎抽生能力较弱的品种可加大种植密度，反之则减小密度。母株定植后需立即滴灌浇水一次（图3-16），水要浇足、浇透。

图3-15　母株定植繁育

图3-16　母株定植后立即浇水

在母株栽植时，栽植深度是其成活的关键，勿栽过深，不要埋住苗心，以防引发种苗腐烂；也不要栽得太浅，太浅新茎外露，易引起种苗干枯，所以定植时需做到深不埋心，浅不露根。

秋季9月定植是为了增加草莓种苗的繁育系数。北方地区11月进入冬季后寒冷多风，草莓种苗无法安全越冬，必须加盖防寒保暖设施，覆盖位置需贴近土壤层，覆盖厚度需高于10厘米。覆盖材料可选用比较厚的塑料薄膜或地布（图3-17），再加盖稻草、玉米秸秆等（图3-18），用绳将覆盖物固定（图3-19），再连接固定在地锚（图3-20）上，防止冬季风大刮跑秸秆，使种苗受冻。翌年春季解冻且气温逐渐上升时，适当揭开覆膜，检查越冬情况（图3-21），适时撤掉覆盖物（图3-22），同时清理育苗地，将覆盖物销毁或深埋，防止病虫害传播。

图3-17 加盖塑料薄膜或地布

图3-18 加盖玉米秸秆

图3-19 用连接绳将覆盖物固定

图3-20 地 锚

图3-21 检查越冬情况

图3-22 撤掉覆盖物

温馨提示

覆膜时要注意时间的选择，不能过早或过晚，覆盖太早，气温偏高，会使种苗腐烂，覆盖太晚，种苗易受冻害。

6. 中耕除草管理　草莓母株缓苗后，要进行松土、中耕除草等生产管理，一般松土深度为3厘米左右。在草莓匍匐茎大量繁殖前，需中耕除草2 ~ 3次，为匍匐茎的健康生长、大量繁育清空地表，减少土壤肥力的损耗。注意不能使用除草剂。中耕除草时要小心操作，避免人为损害子苗，影响根系生长（图3-23、图3-24）。

图3-23　杂　草

图3-24　中耕除草

7. 水肥管理

（1）滴灌浇水　早春草莓撤除覆盖物后结合施肥需利用微喷或人工浇一遍透水，此后最好采用滴灌方式进行灌溉（图3-25），不可大水漫灌。草莓的根系分布较浅，吸收水肥能力较弱，在新的茎叶集中快速生长时，会消耗大量的水肥，因此，随着子苗生长量的增加，必须加强水肥管理。浇后浅中耕，从成活后开始需要进行多次中耕除草，保持土壤疏松。匍匐茎开始发生后不再中耕，但应及时去除杂草和杂物（图3-26）。为促使匍匐茎早抽生多抽生，在匍匐茎发生初期，可喷洒浓度约为50毫克/升的赤霉素，每株喷洒5 ~ 10毫升，7天后再喷洒一次。注意赤霉素不溶于水，应先将赤霉素用少量酒精溶解，之后再倒入水中，如果没有酒精，用高浓度的白酒也可以。

图3-25 滴 灌

图3-26 杂草和杂物

综上所述，草莓露地育苗在整个生长期要灌好以下3次水，分别为在土壤封冻前灌一次封冻水，在早春草莓撤除防寒保暖设施后结合施肥灌透返青水，在开花、浆果成熟前根据降水情况浇灌2 ～ 4次水。

（2）**追肥** 追肥要结合浇水同时进行。草莓苗开始旺盛生长时，在植株周围每亩撒施复合肥10 ～ 15千克或速效性肥料以及时补充草莓植株所需养分。匍匐茎发生后叶面喷施0.5%磷酸二氢钾叶面肥。注意不可大量追肥，以防种苗徒长。进入花芽分化期，应减少氮肥的施用，以利于花芽分化。在起苗前4 ～ 5天，每亩再追施复合肥6千克左右，以促进根系生长和增加成活率。

8.引茎和压茎技术 春季定植的草莓母株大概在5 ～ 6月开始抽生匍匐茎，在生产管理中，需要将细弱的匍匐茎和在奇数节抽生的匍匐茎及时去除，留用粗壮的匍匐茎作为培育对象。当匍匐茎长至一定长度出现子苗时，及时进行引茎和压茎（图3-27）。引茎即指在匍匐茎抽生后，将新抽生的匍匐茎延垄面两侧整齐摆放、理顺，避免交叉在一起或疏密不均，后用U形塑料叉叉在匍匐茎的偶数节上，紧贴地面压实，或在生苗的节位上培土压蔓，使其快速发根生长，形成新苗，否则易受风害。一级和二级子苗固定位置顺序不同，要分出层次，便于鉴别和管理，注意子苗摆放不扎堆（图3-28）。压茎是一项经常性且非常关键的工作，匍匐茎随时发生，发生后压茎就要及时跟上，后期发生的匍匐茎生长期短、生长弱，应及时去掉，这样可以使养分得到高效利用。根据母株的长势每株可选留8条左右的匍匐茎，每条匍匐茎可留子苗3 ～ 4株后摘心，以提高子苗质量。注意控制子苗密度，以每亩3.5万～ 4万株为宜，密度过

图3-27　引茎和压茎后的草莓田

图3-28　子苗摆放不扎堆

大，易造成通风不良，子苗长势减弱，易发生病虫害。

9. 匍匐茎的繁殖技术　匍匐茎细、节间长，当匍匐茎生长到一定长度后，首先在第二节的部位向上发生正常叶，向下形成不定根，扎入湿润的土壤中（图3-29），形成一株子苗（图3-30）。随后在第四、六、八节等偶数节处继续形成子苗，子苗的腋芽还能继续抽生匍匐茎，这条匍匐茎称为二次匍匐茎。二次匍匐茎同样在偶数节处形成子苗，依此类推，形成三、四次匍匐茎（图3-31）。一年中植株上发生匍匐茎的数量多少同母株的品种及质量有关，在相同栽培条件下，品

图3-29　草莓不定根

图3-30　子　苗

图3-31　三、四次匍匐茎

种间发生匍匐茎的数量差异很大，脱毒原种苗繁殖子苗的效率显著高于普通苗。

10. 摘除无效花蕾、老叶　草莓母株繁育期间会生长过多的花蕾、花序，应当及时去除无效花蕾、老叶，避免其开花结果（图3-32）。去除时间越早越好，以免消耗养分，同时也可促进匍匐茎大量抽生。在整个生长期，随着新叶和匍匐茎的发生，下部叶片不断衰老，应及时将老叶除去，防止老叶消耗营养，从而保证将所有养分集中供应在子苗的生长上，同时有利于通风透光，减少病虫害发生。在摘除母株残枝、老叶的同时，可进行中耕除草（图3-33），促进母株生长健壮，繁育健康种苗。有研究表明，及时除去母株的无效花蕾、老叶，繁育的子苗数量是未经相应处理母株产生的子苗数量的3 ～ 5倍。

图3-32　育苗期出现的开花及结果现象

图3-33　育苗地块布满杂草影响母株生长

11. 病虫害防治　草莓育苗期的主要病害为草莓炭疽病、草莓枯萎病、草莓白粉病、草莓叶斑病等，虫害主要有蚜虫和叶螨等。如发现病虫害，需及时防治，以免影响草莓的正常生产、繁育系数及子苗质量。

温馨提示

恶劣天气发生后，尤其要注意病虫害的发生情况，做到早发现早防治。

12. 起苗运输　草莓定植前，需进行起苗。起苗后要从中挑选健康的种苗，健康种苗的根系呈白色、粗壮、较长，病株或弱苗根系不发达，呈棕褐色（图3-34）。近距离运输定植时，种苗带土坨挖掘，用起苗铲将种苗挖出，注意挖掘深度，避免伤害草莓根系；远距离运输销售种苗时，多采用裸根苗保水包装箱保存运输，每个小包装约有50株草莓苗（图3-35）。

图3-34　草莓根系白色、棕褐色对比

图3-35　每捆草莓苗约50株

13. 露地育苗的其他方式　露地育苗除上述方式外，还可根据自身条件，在两个草莓棚之间的间隙育苗（图3-36），既方便管理，又可以做到及时定植，保证种苗不脱水，缓苗时发现死苗还可以随时补苗，最主要的是可防止缺苗、断垄，能够按节气决定定植时间，节约开支，降低成本。此外，我国江浙地区（图3-37）的露地育苗管理技术也非常成熟，每年可大量繁殖草莓苗，发售到全国各地。成都地区一般采用露地加盖遮阳网的方式进行育苗。

图3-36　棚间育苗

图3-37　江浙地区草莓育苗

二、避雨基质育苗技术

避雨基质育苗（上）

避雨基质育成的基质苗在生产应用中和裸根苗相比有以下优势：①基质苗的种植时间灵活，可以置于冷库中储存，也可移栽到低温地区进行春化处理。②基质苗移栽后死亡率低，一般在1%～5%，而裸根苗易感染炭疽病和红中柱根腐病等病害，死亡率可达15%～20%。③基质苗可进行机械种植，有助于提高草莓种植的机械化程度，在降低成本的同时提高种植的一致性。④基质苗在移栽过程中根系保护完整，缓苗快，能快速恢复正常生长。⑤基质苗开花时间早、结果早、整齐度高、产量高、品质好、上市早，经济效益高。

1.棚室准备　北方草莓育苗大都是从4月开始，所以基质育苗一般选择在春秋塑料大棚（图3-38）中进行，有条件的也可选用日光温室。春秋塑料大棚对于育苗环境有非常严格的要求，大棚必须通风透光条件好，棚外清洁无杂草，棚室四周应挖排水沟，防止夏季大雨灌入棚内，使湿度增大，对草莓种苗生长造成不良影响。育苗前需压实整个棚室地面，并覆盖黑色地膜或地布（图3-39），一方面可以将土壤和种苗隔开，避免感染土传病害，另一方面可以减少杂草的产生，降低除草的人工投入。棚室内需安装风机促进空气流通，降低棚室内的温度和湿度。

图3-38　春秋塑料大棚

图3-39　铺黑色地膜的日光温室

（1）*覆盖棚膜*　棚膜（图3-40）一般采用聚乙烯塑料膜，棚膜覆盖方式有两种，覆盖4张棚膜和覆盖3张棚膜。①覆盖4张棚膜，最上部的两张棚膜要交叉对接压实，棚膜上边对折，经热烫压边后（图3-41），穿棚绳，留上风口，棚外、棚内两侧系拉绳，用于开关上风口，拉绳需系紧，保证上风口关闭时密不透风，以防雨水渗入。侧下方两侧与上方2张棚膜交叉对接，在两侧留有侧风口，同样要求开关流畅、密闭防风雨。②覆盖3张棚膜，顶端1张为整体覆盖，不留上风口，大棚两侧留2个侧风口（图3-42）。覆盖棚膜时，棚膜要绷紧，棚膜松弛会造成积水（图3-43），水量过重时棚膜承受不住即会破损，使污水砸向棚内种苗，造成种苗受伤和棚内环境的污染。

图3-40　大棚棚膜

图3-41　棚膜电烙铁加热简易压膜

图3-42　两侧留侧风口

图3-43　棚膜松弛造成积水

日光温室的棚膜覆盖方法同上，有的覆盖3张棚膜（图3-44），留上风口和侧风口（图3-45），有的覆盖2张棚膜，仅留侧风口。

（2）土壤处理　将棚室内的地面压实，全面覆盖黑、灰白色地布（图3-46）或黑色地膜，避免感染根腐病等土传病害，还可有效防止杂草及虫害的发生，使育苗环境干净整洁，大大减少人工投入。

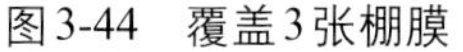

图3-44　覆盖3张棚膜

图3-45　留上风口和侧风口

（3）安装通风装置　育苗大棚应安装通风装置，通常会采用轴流通风机（图3-47），可有效降低棚室内的温度和湿度，尤其遇有阴雨天气，开启通风机可迅速降低棚室内的湿度。通常，通风机安装的数量依据棚室面积而定，一般间隔15米安装1台，对于长50米、宽8米的标准日光温室，应均匀安装3台通风机。

图3-46　覆盖灰白色地布

图3-47　通风机

温馨提示

应急时可以临时安装大功率排风扇进行通风换气，及时降低草莓育苗棚内的温度和湿度。

2. 设施基质育苗模式

（1）平畦育苗　设施基质平畦育苗有多种方式，常见的有平畦单行基质槽育苗（图3-48）、平畦双行育苗（图3-49）、平畦育苗盘扦插育苗（图3-50、图3-51）等。

图3-48　平畦单行基质槽育苗

图3-49　平畦双行育苗

图3-50　平畦育苗盘扦插育苗

图3-51　扦插育苗效果

（2）*其他育苗模式*　设施基质育苗根据苗床的不同可分为长方形高架式基质育苗、三角形高架式基质育苗和露地营养钵基质育苗等；根据育苗基质容器的不同还可以分为基质槽育苗、营养钵育苗、穴盘育苗、盆栽育苗等，其中以基质槽育苗最为普遍。子苗的苗床通常采用长度为100厘米、上沿宽度为8厘米、底面宽度为7厘米的基质槽。

图3-52　长方形结构的高架育苗

①塑料大棚长方形高架育苗。长方形结构的高架（图3-52）建造和安装比较简单，高度为160厘米，宽度为29厘米，每个塑料大棚定植6架种苗（图3-53）为宜，每架顶部种苗双行定

植（图3-54），匍匐茎伸长后可在架子的两侧悬垂，便于选苗、剪断、扦插和移栽。子苗扦插可选的穴盘型号（图3-55）很多，可根据具体情况进行选择，通常采用32穴育苗盘（图3-56）。

图3-53　定植6架种苗

图3-54　双行定植

图3-55　育苗盘
A.50穴育苗盘　B.21穴育苗盘　C.32穴育苗盘

高架育苗容器的选择：高架育苗容器可选用成本较低的柔性栽培槽，即将工程用塑料黑白膜和防虫网的两侧固定在高架的横拉杆上，中间自然下垂形成深度约为20厘米的U形槽（图3-57），育苗即在U形槽中进行，塑料膜每隔50厘米打孔用于排水。

图3-56　32穴育苗盘中的实栽苗

基质的选择：要选用高质量的材料，并进行合理的配比，通常将草炭、

图3-57　U形栽培槽

图3-58　母株定植

珍珠岩、蛭石按照3 ∶ 1 ∶ 1的比例进行配制，每立方米基质土应加入2千克左右的三元复合肥。

母株定植：在北方，母株定植（图3-58）的时间通常在每年3月上旬，草莓母株刚开始萌芽时进行定植。每个塑料大棚的定植株数设计为2 800 ～ 3 000株为宜，采用双行“品”字形种植模式，株距为15 ～ 20厘米（图3-59）。3月设施内要进行严格的保温处理，防止倒春寒对种苗造成冻害，同时加盖防虫网（图3-60）等保护性措施，并及时摘除无效花序及老叶。

图3-59　母株定植株距为15 ～ 20厘米

图3-60　加盖防虫网

肥料补充：母株从新叶开始萌发后半个月开始补充肥料，每个匍匐茎生长周期需补充一次三元复合肥。当匍匐茎大量抽生以后要停止使用氮肥，防止匍匐茎生长过长，同时要避免匍匐茎长势过旺引发草莓白粉病。新生的匍匐茎要及时补充叶面肥，防止徒长。

病虫害防治：草莓育苗期间的主要病害为草莓炭疽病、草莓根腐病等，虫害为蚜虫、叶螨等。在北方，当草莓第三级匍匐茎抽生时，由于气温急剧上升及母苗生长旺盛，较易发生草莓白粉病，此时需要控制植株长势，及时通风降温，适当遮光并采用综合防控措施进行预防和防治。

光照、温度控制：高架育苗需要给下垂的匍匐茎留出足够的空间接受光照，母苗进入6月以后，叶片长势过旺会遮挡行间匍匐茎的光源，导致下层幼苗过于弱小，因此需要控制母苗的长势，高架的行距要足够大（图3-61）。棚内温度调控要采用自然通风与遮阳网相结合（图3-62）。

图3-61　高架的行距

图3-62　塑料大棚遮阳网

母株管理：母株从开始长新叶到最后一批匍匐茎形成的子苗起苗都要及时且持续地去除老叶，顶层母苗的通风对预防病害有着非常重要的作用。及时摘除老叶，可促进新叶的发生和生长，保证植株有旺盛的生命力，避免新叶断茬的情况出现。每株叶片的总体数量要保持在8片以下，没有分枝的则保持在5片左右。叶基部完全与根状茎分离的老化叶片可以直接摘除。

子苗扦插：子苗的扦插（图3-63）时间要根据草莓生产定植的时间确定。定植时，将基质繁育的子苗控制在3 ～ 4片新叶（图3-64）的生长状态是最佳的，因此扦插时间通常将定植时间倒推40天左右。扦插子苗的基质配比与母苗所用基质相同，扦插后要及时用花洒或喷雾器进行

图3-63　子苗的扦插

图3-64　合适的新叶数量

浇水，并用70%遮光率的遮阳网遮光，前3天要保证基质湿度，7天以后待子苗缓苗且生长稳定后可移除遮阳网，喷洒杀菌剂预防病害，15天后用喷雾器或滴灌再补充一次全元素水溶肥。

②塑料大棚三角形双行高架育苗。三角形高架育苗（图3-65）的形式多种多样，一般有母株单行定植和双行定植两种。草莓母株应位于栽培架的顶端，每1米放置1个母苗槽。通常安装坡度设计为40° ~ 60°，有利于水分回流（图3-66），控制基质土壤墒情。每个塑料大棚定植密度设计为4行，行距在80厘米左右，架高基本一致，为150 ~ 160厘米，高度大于160厘米则不利于人工管理。子苗苗床铺设层数4 ~ 8层（图3-67）不等，每层架高20厘米左右，底层架宽可设计为74.5 ~ 130厘米，由下而上依次递减。每组架子放置长度为1.5米的子苗槽，两个子苗槽之间用专门的塑料连接件连接，并留有排水口。采用基质育苗的大棚地面要铺设地布或将过道硬化（图3-68），便于生产操作和防止杂

图3-65　三角形高架育苗

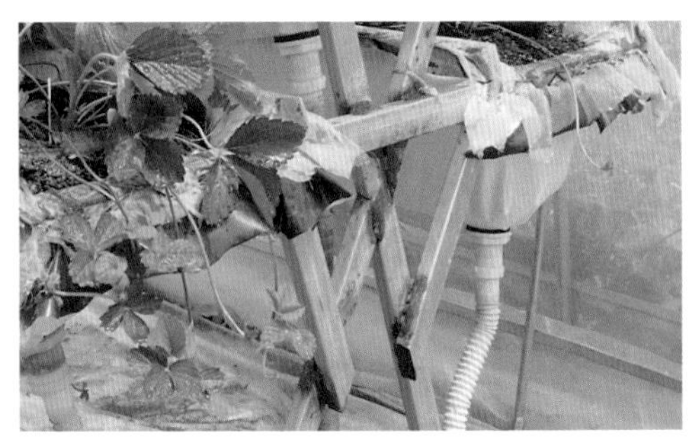

图3-66　水分回流装置

图3-67 苗床铺设4 ～ 8层

图3-68 硬化的过道

草丛生。

③露地营养钵育苗。露地营养钵育苗（图3-69）地应选在山区或半山区，天然的隔离条件好，草莓苗不易感病，用基质槽作为子苗的苗床。母株株距为50厘米，行距为1.5米，单行定植（图3-70），在母株的两侧，均匀摆放3排基质槽（图3-71）。随着匍匐茎的快速生长发育，由近到远有序地将匍匐茎用U形叉固定（图3-72）在基质槽苗床上，母株及各行基质槽上面都要铺设滴灌管（图3-73），及时冲施水肥，防止种苗过度干旱导致死苗。

图3-69 露地营养钵育苗

图3-70 单行定植

图3-71 摆放3排基质槽

图3-72　U形叉固定匍匐茎

图3-73　铺设滴灌管

④草莓连栋温室育苗。连栋温室育苗有高架基质育苗（图3-74）和无架露地土栽（图3-75）、露地基质育苗（图3-76）三种。连栋温室应选地下水充沛、干净、杂质少，土壤肥沃，风沙少、污染物少的地区建造，大小设计可根据现场环境和条件而定，通常南北长度为160米，东西宽度为60米。建造的标准要求很高，覆盖材料应选择阳光板或玻璃板并加装雾化加湿和外遮阳设备（图3-77），加装湿帘、风机等降温加湿设施，同时配置温室果蔬病害臭氧物理防治系统（图3-78）等设备，为草莓种苗健康生长提供有利的环境条件。

图3-74　高架基质育苗

图3-75　无架露地土栽

图3-76　露地基质育苗

图3-77　连栋温室玻璃板、外遮阳设备

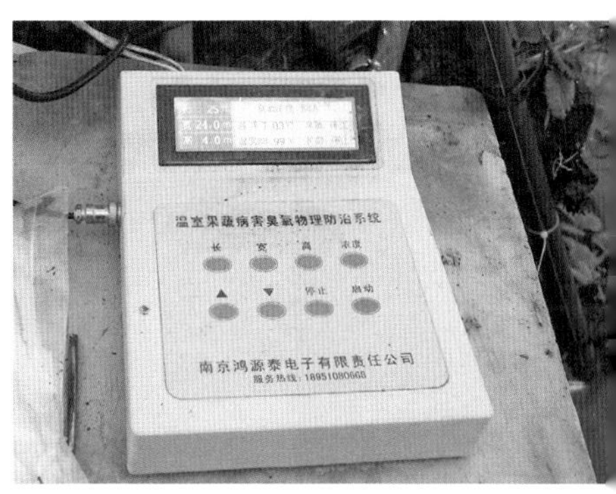

图3-78　温室果蔬病害臭氧物理防治系统

水质净化处理：草莓苗耐盐性低，苗期生长适宜的电导率为$0.5\times10^{-3}\sim0.8\times10^{-3}$西门子/米，如灌溉水的电导率在此范围之外，则必须进行净化，将盐离子去除。

草莓母株与子苗应采取不同的灌溉方法。母株槽每天最多浇水6次，每次5分钟，滴灌带间距为10厘米，滴头流量为1.38升/时，母株槽每天需水量约15.5米^3。浇水应选择在每天的早、晚进行，避开中午光照强、温度高的时间段，主要原因是中午温度高，植株的吸水和蒸腾作用十分强烈，如果此时浇水，高温的土壤突然受到冷水的刺激，土温迅速下降，导致根系吸水能力很快下降，吸水赶不上蒸腾失水，植株就会萎蔫。

子苗槽每天最多浇水4次，每次5分钟，滴灌带的出水孔距离应设计为10厘米，滴头流量为1.38升/时，子苗槽每天最大需水量为82.8米^3，根据母株槽和子苗最大需水量计算，每天合计需水大约为95米^3。

水质较差的地下水经水泵加压抽出后，需经过石英砂、活性炭和精密过滤器三级过滤后滤除大部分杂质，同时pH达到6.5～7.0，此时的水才可用于灌溉。

图3-79　灌溉母株

灌溉制度：母株浇水时，要分3个区进行灌溉，分区少易造成浇水量不均匀，分区多则不方便操作。主管道每次同时打开9个控制阀灌溉母株（图3-79），浇水量的大小需根据草莓种苗的生产阶段而定。子苗浇水应每行设计1个分区，形成一对一浇水，主管道每次打开1个控制阀，浇灌1个分区，每次浇水3 ~ 5分钟，每天浇3 ~ 4次。

母株营养液的配制管理：草莓母株不同生长时期的营养液追施量不同。营养液的电导率最好控制在0.5×10^{-3} ~ 0.8×10^{-3}西门子/米，pH应控制在5.8 ~ 6.8。抽取母株槽下回流水测定电导率，确定浇水量和营养液的施入量。水量不足时，回流水的电导率将增加，此时应浇一次清水，使回流水的电导率降低到1.0×10^{-3}西门子/米以下，然后再正常浇水，如果电导率高于1.2×10^{-3}西门子/米，可能会造成心叶烧伤、植株生长畸形等。

子苗的营养液配制：一般情况下，草莓母株与子苗之间的匍匐茎在没有断开之前，子苗暂时不用浇水。在北方7月底至8月初，当所有子苗苗床全部布满子苗时，剪断子苗与母株（图3-80）、子苗与子苗之间的匍匐茎（图3-81），开始给子苗浇水。子苗主要以灌溉清水为主，在起苗前，根据子苗的长势情况，也可以滴灌少量的营养液促进子苗生长，每周2 ~ 3次即可。在子苗起苗前的2 ~ 3天停止浇水，方便取苗作业。

图3-80　断开子苗与母株

图3-81　剪断子苗与子苗之间的匍匐茎

在营养液的配制过程中，需加入硝酸钙、硝酸钾，并添加聚谷氨酸，这样能够保证钾、钙按比例被种苗吸收，较好地解决草莓种苗对于钙质的吸收、草莓苗烧心等问题。每次营养液的灌溉量根据基质土的填充量来确定，有利于提高水肥的利用效率。有条件的最好加装营养液回收处理和循环利用设备，可以减少废弃营养液对地下水的污染和资源的浪费，达到绿色防控、绿色生产的要求。

温馨提示

营养液施入次数与外界的自然条件也有着紧密的关系，阴天施入易造成营养液的浪费，晴天高温时施入营养液应加量。

3.母株育苗基质槽的准备　草莓母株定植在育苗槽、营养钵（图3-82）或花盆中（图3-83），通常育苗槽内径宽18～20厘米，高18～20厘米，可以是固定在架子上的网槽也可以是塑料槽或是泡沫槽，营养钵或花盆的内径在18厘米以上，子苗可用内径宽8～10厘米、高7～8厘米的育苗槽或内径8～10厘米的营养钵承接。

图3-82　育苗营养钵

图3-83　育苗花盆

4.育苗基质配比与分装　育苗基质可采用草莓专用育苗基质，也可以按照草炭：蛭石：珍珠岩为2：1：1的比例进行配制，基质尽量打散，保证颗粒均匀，注意去除杂质，将配制好的基质分装在育苗槽（钵）中，先装好母株育苗槽的基质，再装子苗槽的基质，将基质尽量压紧压实，基质的上表面距离育苗钵边缘1～2厘米。

5.子苗基质容器的准备　采用子苗槽育苗，母株匍匐茎长出后，子苗开始迅速生长，应及时准备子苗槽（图3-84）。将采购好的成品基质槽利用加工机械（图3-85）切割成长度1～1.5米（图3-86）的易操作长度，在底部均匀打排水孔（图3-87）再进行使用。将基质槽填装好基质后，南北方向整齐摆放在大棚或温室中，将子苗槽平行摆放在母株槽的两侧（图3-88），每侧排列3～4行（图3-89），第一行子苗槽距离母株槽10～15厘米，子苗槽间距10厘米（图3-90）。母株槽出水孔间距为50厘米，子苗槽出水孔间距为10厘米，母株与子苗都采用滴灌浇水（图3-91）。

图3-84　子苗槽

图3-85　基质槽加工机械

图3-86　长度1 ～ 1.5米的基质槽

图3-87　基质槽底部打排水孔

图3-88　子苗槽摆放在母株槽的两侧

图3-89　每侧排列3 ～ 4行子苗槽

图3-90　子苗槽间距10厘米

图3-91　母株、子苗采用滴灌浇水

除子苗槽外，也可采用小型纸杯状营养钵（图3-92）培育子苗（图3-93），便于单株培育，取苗时可将根部整体取出，避免子苗伤根，便于迅速缓苗。

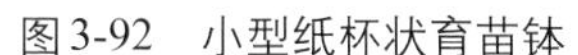
图3-92　小型纸杯状育苗钵

图3-93　培育子苗

6. 种苗选择与定植　繁育原种一代苗应选用健壮、根系发达、有4 ～ 5片叶的脱毒种苗作为母株繁育生产苗。

避雨基质育苗（下）

在北京地区，塑料大棚草莓母株定植的适宜时期为3月下旬至4月上旬，比露地育苗方式提前20天左右，还可以在上一年的秋天进行定植繁育。如在秋天进行定植繁育，则需将母株定植在营养钵或花盆中，放在设施温室中越冬，同时做好温室的保暖避风，以免温度过低发生冻害和风吹伤苗，导致无法缓苗。注意观察母株栽培基质的墒情，保持必要的湿度，待翌年春暖温度升高时，就可以正常生长了。母株单行栽植在槽的中央，株距50厘米左右（图3-94），母株定植要把握深不埋心、浅不露根（图3-95）的原则，定植后浇足定植水。

图3-94　母株株距50厘米

图3-95　母株定植适宜深度

7. 温度管理　3月底至4月初母株定植后，此时温度还较低，要注意棚室封闭性能，棚室温度应保持在28℃左右（图3-96），高于28℃时要及时打开顶风口，低于24℃时要及时关闭风口。到4月中下旬以后，气温升高，这时可以关闭顶风口，打开棚室东西两侧下部薄膜，撤下南北两边的薄膜，开启侧风口（图3-97），加强通风。进入5月，棚室应覆盖遮光率为60%的遮阳网（图3-98）用于降低棚室温度，白天可根据温度变化定时打开通风机，促进棚室内的空气流通和循环。实时监控棚内温湿度，必要时利用加湿装置（图3-99）增加棚内湿度。

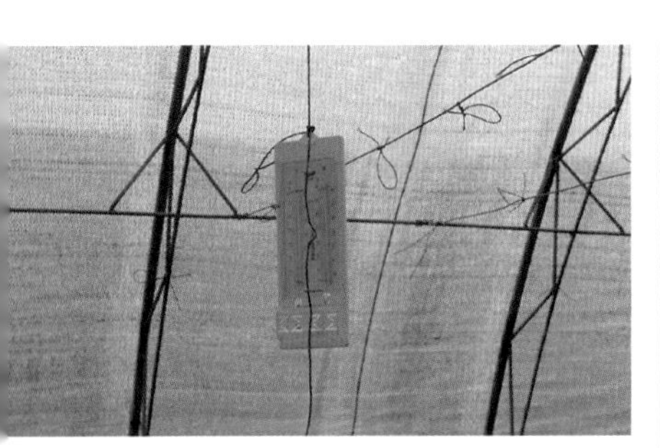

图3-96　温度保持在28℃左右

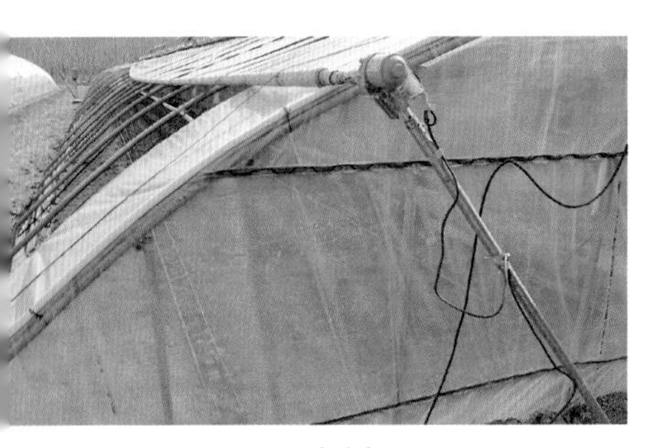

图3-97　开启侧风口

图3-98　覆盖遮光率为60%的遮阳网

图3-99　加湿装置

8. 水肥管理和病虫害防治　草莓母株浇水应分阶段进行，水分的管理也应根据天气的变化而调整。3月温度还比较低，每天采用滴灌浇水1 ～ 2次即可，4月温度逐渐升高，可以根据土壤墒情每天浇水2 ～ 3次，5 ～ 8月天气逐渐炎热，水量蒸发比较快，这时每天的浇水次数要达到3 ～ 4次。子苗长大后需用U形叉压住子苗再进行滴灌，6月每天浇水1～2次，7～8月每天浇水2～3次。母株缓苗后根据叶色加深，每15～30天施用一次氮、磷、钾含量为15-15-15的三元复合肥，每株8～10克，穴施也可以使用全溶性水溶肥或专用配方肥滴灌冲施。确定草莓子苗成活且稳定生长后，在7月中旬左右开始切离子苗。切离子苗通常有两种方式，一种是用专用剪刀剪断母株与子苗以及子苗与子苗之间连接的匍匐茎，在靠近子苗的一端留3厘米左右长度的匍匐茎，以免子苗根系受伤和匍匐茎切口感染病原；另一种方法是将一级子苗和母株之间的匍匐茎先行剪断分离，2～3天后，再将二级子苗和一级子苗之间的匍匐茎剪断分离，直到所有子苗逐步彼此分离并独自生长。子苗切离后开始为子苗追施氮、磷、钾含量为15-15-15的三元复合肥，每7天追施1次，每次每株2～3克，共追施2次，8月后，每周叶面喷施0.3%磷酸二氢钾1次，以促进花芽进一步分化。草莓育苗期要严格预防病虫害的发生，尤其是苗期草莓炭疽病的发生，是后期引起死苗的主要原因（图3-100）。在草莓母株缓苗后要进行一次药物防治，每周需喷施一次杀菌剂，为了不产生抗药性，应随时轮换用药。

图3-100 管理不当引发死苗

时刻注意天气变化，下雨前关闭风口，避免雨淋种苗。

9. 植株整理

（1）及时去除老叶、残叶和病叶　在种苗繁育过程中应及时摘除老叶、残叶和病叶，以便通风透光，减少病虫害发生，子苗保留4 ～ 5片叶。

（2）去除多余花蕾　育苗期管理应准确到位，要及时发现和去除多余花蕾，减少不必要的养分消耗，保证母株快速缓苗（图3-101）。

图3-101　育苗母株产生的花蕾

（3）引茎、压苗　母株成活后，匍匐茎会快速生长，每天都会产生大量的子苗，不经梳理就杂乱无序，给后期起苗和种苗选育带来很大困难。此时要通过大量的人工作业，在子苗生根前及时梳理匍匐茎，优胜劣汰，及时摘除细弱的匍匐茎，每个母株选留6 ～ 8条健壮的匍匐茎。匍匐茎上的子苗长至一叶一心时进行压苗，用专业的压苗叉压在靠近子苗的匍匐茎端，将子苗固定在基质槽或营养钵苗床上，注意压苗不要过紧过深，以免对子苗造成伤害（图3-102至图3-105）。从母株匍匐茎长

图3-102　塑料大棚高架基质育苗引茎、压苗

出的子苗为一级子苗，从一级子苗的匍匐茎长出的子苗为二级子苗，以此类推。一级子苗插在第一行子苗基质槽或营养钵中，二级子苗插在第二行子苗基质槽或营养钵中，三级子苗插在第三行子苗基质槽或营养钵中，四级子苗插在第四行子苗基质槽或营养钵中（图3-106）。

图3-103　塑料大棚基质育苗引茎、压苗

图3-104　塑料大棚露地营养钵育苗引茎、压苗

图3-105　温室营养钵育苗引茎、压苗

图3-106　大棚高架育苗四级子苗引茎、扦插

10. 子苗出苗标准　草莓利用设施塑料大棚基质育苗和简易连栋塑料大棚基质育苗的出苗标准（图3-107）是根系发达，新茎粗在0.8厘米以上，具有4～5片功能叶，植株健壮，无病虫害。在我国，适合草莓育苗的产地较多，丹东、浙江、吉林、安徽等地区具有草莓育苗产业规模大，育苗技术水平高，休眠期掌握得好，子苗健壮无病害（图3-108），整理规范，包装整齐（图3-109），包装箱标识清楚（图3-110），配送及

时等优势，通过及时对匍匐茎和子苗的梳理，适当的水肥管理与科学的防治病虫害，培育出来的生产苗合格率、壮苗率均可达95%以上。

图3-107 子苗出苗标准

图3-108 子苗健壮无病害

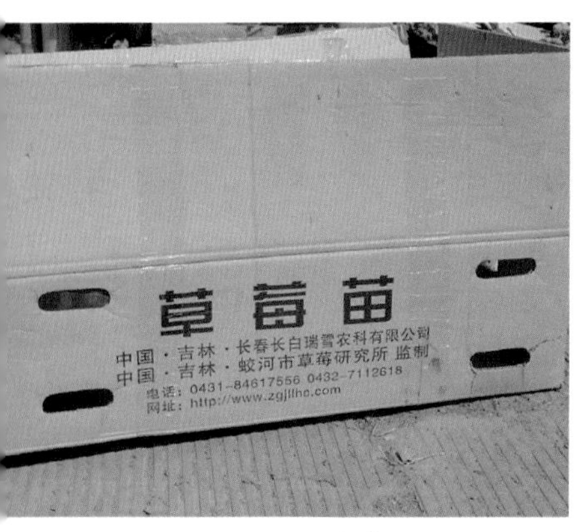

图3-109 包装发货

图3-110 包装箱标识清楚

第 4 章 草莓的栽培管理

常见的草莓栽培方式有露地栽培、半促成栽培、促成栽培、抑制栽培四种。露地栽培是指草莓在自然条件下生长、开花、授粉、结果，栽培地块没有任何保护设施。半促成栽培是指草莓在人为的干扰下打破休眠，促使其提早生长发育的栽培方法。从保护地设施栽培方面看，半促成栽培主要采用小拱棚、塑料大棚、日光温室、连栋温室等。促成栽培是指草莓在人为干扰下阻止其进入休眠状态，使其继续生长发育的栽培方式。促成栽培成本高，对管理技术的要求也高，由于采收期正好赶上元旦、春节两个重要节日，所以农民的收入也会相当丰厚。草莓抑制栽培是指草莓植株在人为干扰的情况下，经过冷藏，使其被迫延长休眠期，便于储备种苗，然后可根据实际生产需求，随时启用种苗栽培，适时促进其生长发育。

设施栽培根据生产设施的建造结构、形状、选材成本、保护性功能强弱分为小拱棚栽培、塑料大棚栽培和日光温室栽培。露地栽培、小拱棚栽培、塑料大棚栽培在我国的南方、西南、长江流域等温暖地区较为常见。北方地区的草莓生产主要是在温室内进行。温室种植草莓，昼夜温差大，有利于草莓养分的积累，果实膨大，冬季阴霾天气少，阳光充足，可促进果实着色，口感香甜，深受广大市民的喜爱。现阶段北京地区栽培草莓普遍使用的是日光温室。

一、露地栽培管理

1. 露地栽培优缺点

（1）*优点*　成本低，土地利用率高，农事操作、土壤管理便捷，方便大规模采摘，自然光照强，自然通风，不需要定时开关风口调整温度、湿度，草莓白粉病、草莓灰霉病等喜高湿度的病害发病率相对于设施栽培低，填补了草莓越冬期不能上市的空白等。

（2）*缺点*　采收期短、上市销售比较集中，由于没有任何设施保护，抗病性较差，受外界自然环境的影响，产量也不稳定。没有蜜蜂集中授粉，只靠自然环境下的少量蜜蜂和微风授粉，坐果率低、畸形果多。雨季不能避雨，果实容易腐烂，刮风扬尘会附着在果实表面，造成果实无光泽，不能随采即食。虫害发生率高，农药使用量大，且施药次数多，在栽培品种上也受到很大约束，只能选种抗病抗逆品种。

2.露地栽培方式 草莓露地栽培只适合冬季温度较高的南方地区使用。草莓常见的露地栽培模式有广州露地高垄覆膜双行栽培（图4-1），云南露地无膜小垄双行栽培（图4-2），云南露地无膜宽垄3行栽培（图4-3），云南露地银灰膜宽垄3行栽培（图4-4），云南露地覆膜2行、3行组合对照栽培（图4-5）等。采用露地栽培，首先需确

图4-1 广州露地高垄覆膜双行栽培

图4-2 云南露地无膜小垄双行栽培

图4-3 云南露地无膜宽垄3行栽培

图4-4 云南露地银灰膜宽垄3行栽培

图4-5 云南露地覆膜2行、3行组合对照栽培

保草莓能否安全越冬，其次是选种抗病品种。可采用覆盖塑料薄膜，膜下填充秸秆、稻草等，膜上加盖旧棉被、保温被等保暖设施使草莓安全过冬，要盖严，防止透风伤苗。露地草莓栽培还可以根据垄的高度不同分为平垄栽培和高垄栽培两种，每亩地的产量一般在1 500千克左右。

3. 园地选择　选择在地势较高、排灌方便、土壤肥沃的地块，土壤呈弱酸性或中性，注意防止重茬。

4. 土壤处理　定植前1个月，清理田园，整地翻耕，可采用棉隆、氯化苦等进行土壤消毒，也可采用太阳能进行土壤消毒。根据土壤肥力测定，调整施肥量，每亩施用腐熟有机肥3 000千克、复合肥（氮、磷、钾含量为15-15-15）50千克。施肥后起高垄，方便排水，降低田间湿度，防止草莓灰霉病、草莓炭疽病等病害的发生。

5. 品种选择　选择适合露地栽培的品种，尤其是抗病性和耐热性强的品种，如甜查理、华香1号等。

6. 定植　可根据自然气候条件确定露地草莓的定植时间，注意草莓定植要领，深不埋心、浅不露根，幼苗“弓背朝外”，定植时间应选在早上或傍晚，定植后立刻大水浇透。

7. 植株管理　主要环节包括追肥、喷施赤霉素、水分管理、覆盖地膜、防治病虫害、植株管理等。

8. 适时采收　开花后40天草莓八成熟时就可以采收，这时草莓果实着色80%，是最佳的采收时期。此时采收便于运输和销售。采摘时，要轻摘轻放，装入支撑性能较好的小纸箱或塑料盒内，注意不要堆放太厚，以免果实互相挤压受到伤害。由于草莓结果期长，要分批分次采收，尽量做到不漏采。

温馨提示

草莓属于鲜食水果，不易存放，不要等到完全熟透再采摘。

二、小拱棚栽培管理

冬春季气温低，不适合草莓生长，若露地种植草莓，则应该搭建一个简易牢固的塑料小拱棚，形成保护条件。小拱棚通常设计成高1 ~ 1.5

米，宽2米。高度太低虽有利于保暖，但不利于农事操作，长度可根据现场条件自行设定。小拱棚的结构可以是竹架结构，也可以是钢架结构，考虑到成本原因，通常采用竹架结构的较多。等到气温缓慢升高以后，再逐渐去除小拱棚上覆盖的塑料膜，气温低少去除，气温高多去除，直至完全去除，不要一次性去除，否则草莓易受冻害。

1. **小拱棚栽培方式**　小拱棚栽培方式在我国的南方以及华北地区比较常见。如保定采用竹架结构小拱棚栽培草莓（图4-6），成都采用垄上搭建小拱棚（图4-7）4行定植栽培草莓；舟山采用钢架小拱棚（图4-8）栽培草莓，每棚栽培7垄，中间5垄为双行定植，两侧边垄为单行定植（图4-9）。华北地区采用小拱棚栽培可以使草莓的采收提前1个月左右，比露地栽培采收期延长了很多，平均亩产量可以达到2 000千克左右，经济效益也比露地栽培好很多。在南方采用小拱棚栽培草莓，采收期可

图4-6　竹架结构小拱棚

图4-7　垄上搭建小拱棚

图4-8　钢架小拱棚

图4-9　边垄单行、中间5垄双行定植

由当年的12月一直到翌年的4月，大大增加了草莓产量，平均亩产量可以达到2 000千克以上，经济效益较露地栽培显著提高。

2. 选择适宜品种 在北方地区一般选择栽培中早熟、抗病性强的品种，如丰香、春香、甜查理等品种。南方地区一般要选择低温需求量少且休眠浅的早熟品种，如法兰蒂、丰香、麦特来、宁玉、硕丰等品种都是南方小拱棚栽培较理想的品种，具有产量高、品质优、抗逆性强、耐旱、稳产、丰产等特点，而且果实个头大、色彩红艳、果实硬度高、香味浓郁、抗高温高湿、适应性广，易于生产管理。

3. 挑选种苗 尽可能选择专业草莓育苗圃繁育的种苗，一般要求植株完整、无病虫害、叶片大而鲜绿、具有5 ～ 6片叶以上，茎粗1.0厘米以上，单株重量在25克以上，植株矮壮，根系发达，有较多初生根，多数根长达5厘米以上。

4. 营养钵假植育苗 在北方，通常于7月中下旬选取二叶一心以上已经发根的子苗，移栽到直径10厘米的塑料营养钵中。营养土为干净、肥沃的稻田土或塘泥加入20千克/米^{3}优质腐熟的农家肥和一定比例的有机肥料（如草木灰、腐叶等）混合而成。栽后将营养钵有序排列在苗床上，浇透水，覆盖遮阳网一周左右，早、晚定时微喷浇水以保持土壤湿润。草莓苗移植15天后可用氮肥喷施叶面1次，之后每隔10天左右喷施1次磷、钾肥。及时摘除多余的匍匐茎，去除枯叶、病叶、残叶，做好病虫害的防治管理工作。当子苗长至 5厘米高时，要进行匍匐茎切除，移栽至直径12厘米的营养钵中，子苗培育45 ～ 55天后，具有新叶5 ～ 6片时就可以移栽到生产田中进行正常管理了。

5. 种植园地选择 选择背风向阳、排水方便、土壤肥沃、地面平整、地势稍高、土壤有机质丰富、土质中性偏酸、保水保肥能力强、疏松透气的壤土或沙壤土地块为宜。保证交通运输条件好，便于果实成熟后及时销售或采摘观光。

温馨提示

注意茬口安排，了解上茬栽培的作物，避免与马铃薯、茄子、番茄、甜菜等作物连作和间作。有条件时，应采取水旱轮作的方式种植，可以有效控制病虫害的发生。

6. 土壤处理

（1）整地施肥　种植园地选好后进行定植前的准备工作，包括及时清理杂草、杂物，施足底肥等。一般每亩施入腐熟的有机肥3 000 ~ 5 000千克，复合肥（氮、磷、钾比例为15-15-15）50千克，过磷酸钙50千克，硫酸钾30千克作为基肥，之后进行土壤旋耕，旋耕深度为20 ~ 30厘米，将肥料与土壤混合均匀，然后平整土地，以利于肥效直接供给草莓植株生长。

（2）起垄　高垄栽培的垄长可根据现场条件而定，垄高一般为30厘米，上宽50 ~ 60厘米，下宽70 ~ 80厘米，垄沟宽20 ~ 30厘米。高垄栽培的优点是排灌方便，能保持土壤疏松，通风透光，果实着色好，质量高，不易被泥土污染和霉烂，也便于地膜覆盖和垫果。高垄栽培同样适合温室、大棚采用；缺点是易受风害和冻害，有时会出现水分供应不足。起垄后应灌一次小水，适当镇压，使土壤沉实，以免栽植后浇水时植株下陷埋没苗心，影响成活。也可以参照日光温室或塑料大棚的起垄方式。

起　垄

7. 定植移栽

（1）定植时期　草莓栽培一般以秋植为主，在北方地区，一般在8月中上旬至9月上旬定植。南方地区，一般在9月中旬至10月初定植。由于草莓生长期短，如果移栽过晚，就不能形成健壮高产的植株，所以要随起苗随定植，有条件的还可以采用假植苗、基质苗或带土坨的子苗定植，保证根系完整无伤，以提高成活率。

（2）定植方法　当子苗顶花芽开始分化后就可以进行定植。定植应选阴雨天或早、晚定植，此时温度较低、湿度大，有利于草莓植株定植后快速缓苗。定植前要修苗，摘除老叶、病叶和腋芽，留正常叶3片以上。草莓苗定植的密度应为每亩8 000株左右，定植时要按照株距、行距将苗顺着栽培方向均匀铺开，然后脱袋逐株植入。植株定植后应形成“品”字形。为使草莓在同一个方向上开花坐果，需要采用定向栽植，即定植时草莓植株的弓背要统一朝向畦沟，这样花序就会全部有序地抽生排列在垄外侧，有利于疏花疏果和果实采收，同时定植的深度要适宜，必须做到深不埋心，浅不露根，栽好后立即将土壤回填压实，扶正草莓植株，定植后立即浇透水，一周内要经常查看苗情，要勤浇水，以“湿而不涝，干而不旱”为原则。

草莓缓苗期间要根据天气状况及时补充水分，保持苗期土壤处于湿润状态，若气温高、阳光足，应及时覆盖遮阳网防晒，促进草莓健康生长。

（3）定植后的管理　采用小拱棚栽培要选择早熟品种，种苗健康是增收增产的基础，因此，定植缓苗后一定要加强水肥管理。当草莓的新叶长出以后，要及时去除干枯老叶。中耕要浅，避免误伤子苗的幼根。待子苗长出3片新叶以后，可以结合浇水少量追施速效性肥料，每亩草莓可以冲施氮肥7.5千克或复合肥10千克。首次追肥一定要把握好施肥时间和施肥量，施肥过早或施肥量过大都会出现烧苗现象，施肥过晚则对草莓前期生长的促进作用较小，对花的形成不利。新抽生的匍匐茎要及时摘除，避免养分浪费，集中促进花芽形成。子苗健壮，植株叶片大而绿，则花芽分化效果明显。在越冬前，草莓单株需具备7～8片以上的新叶，同时，顶花芽和侧花芽的分化充分。

8.覆盖地膜　地膜覆盖应选用灰黑色膜，该类膜既可以防除杂草，也有利于提高光照度和促进光合作用，提高草莓的果实品质。

在北方地区，草莓越冬前需要浇一次封冻水，待地表稍微干燥时，就可以覆盖地膜，地膜可使用0.008毫米厚的黑色地膜，覆盖地膜的工作需几个人合力完成。首先将地膜四角拉紧铺平，周围用土堆压紧，为防止冬季风大将地膜刮跑，可以在地膜的表面每隔2米再堆土压实。气温较低的地区，最好在膜上加一些麦秸、稻秸、玉米秸等保温材料，既可以起到护膜作用，还可以调节冬季昼夜的温差，尽可能保证越冬种苗的成活率。

在南方地区，当棚外的日平均气温下降到10℃以下时，在腋花芽分化后（草莓开始现蕾冒头），一般在11月中下旬左右，要及时覆盖地膜。覆膜前，首先要清除田间的杂草、杂物，平整畦面，并摘除植株下部的老叶、病叶、枯叶，同时做好病虫害预防工作。如果土壤干燥要及时补水。覆膜时，最好选择晴天没有风的时候进行，如覆盖灰黑色膜，则需将灰色面朝上、黑色面朝下，将膜绷紧覆盖在草莓植株上直至垄沟底部，然后用铁锹开槽将其两侧地膜嵌入垄底并用土固定。固定后地膜应平整无褶皱，随即对准苗顶部位用小刀将地膜轻划开口，破膜提苗，洞口应尽量小。全部提苗后用细土封住洞口，增加保温、保湿效果，防止杂草滋生，之后清理园中垄道，再次用土将地膜压紧压牢。

9. 搭建小拱棚与覆盖棚膜保温　搭建小拱棚没有统一的标准，各地因地取材、因地制宜。

在北方地区，春季气温开始回升以后，可于2月中旬搭建小拱棚。搭建小拱棚前，先将地膜上的覆盖物清理干净，保证垄间整洁。可选用直径为1.5～3厘米的细竹竿，弯成拱形棚架，两端插向草莓垄的两边，然后覆盖棚膜。覆盖棚膜时间过早，草莓植株萌发后遇寒流易受冻害，覆盖棚膜时间过晚，则会影响草莓增产早熟的效果。因此，要随时关注天气变化，掌握好覆盖棚膜的时间。小拱棚的跨度为2～3米，长度根据垄长而定，棚的中心高度控制在1～1.8米，太低不利于农事操作。

在南方地区，通常选用长1.8米、宽5厘米的竹片制作。竹片选材方便，具有很强的韧性，成本低、坚固且易操作。将竹片制成弧形，并将两端插向草莓畦的两边，沿着畦的方向每间隔50厘米插1根竹片，弧形竹片中间横向用1根竹片将两端进一步加固，交叉处用软塑料或细铁丝绑紧。当夜间最低气温降到8～10℃时，草莓苗易受冻害，这时需将塑料薄膜盖上，两侧用土压实。白天可根据天气状况确定半揭膜或全揭膜，保证草莓的光照和通风。有条件时，还可以选用新型材料搭建小拱棚，如用玻璃纤维管或PVC线管作为拱棚主体结构。搭建方法同上，覆膜后如遇连续晴天，拱棚内温度较高时，应及时掀开拱棚两端及中部棚膜进行通风散热，遇低温霜冻或下雨天气时，应闭严小拱棚进行保温。

10. 扣棚膜后的管理

（1）*温湿度管理*　北方地区，小拱棚覆盖棚膜后要先密闭一周左右，晚上还要加盖草帘或棉被，保证棚内的气温和地温加速升高，促进植株快速缓苗。草莓缓苗后应及时破膜提苗。随着温度升高，需要做好随时开关风口，进行适当通风的准备。早期气温相对较低，不可打开全部风口，要根据气温变化适当开启，最好在中午前后进行。温度高时多通风，温度低时少通风，以利于棚内增温降湿，通风补光。在覆盖棚膜期间，前期棚温控制在15～20℃，后期控制在20～25℃为宜，夜间的温度不能低于5℃，白天温度最高不能超过30℃。如果遇到极端的寒冷天气，应覆盖加厚的棉被等保温效果强的材料。气温升高时，应及时去除覆盖物，掀开棚膜增加光照，使棚温快速回升。4月下旬至5月初，待气温稳定回升后，可以完全去除棚膜，这时，外界的自然温度已经能够满足草莓正常生长的需求。

南方地区，小拱棚覆盖棚膜后，初期要密闭保温，白天棚内的温度应控制在30℃左右，晚上控制在9 ~ 10℃为宜。草莓现蕾期，温度白天控制在27℃左右为宜，晚上控制在8 ~ 10℃为宜。草莓开花时期，温度白天控制在24℃左右，晚上控制在8 ~ 10℃为宜。草莓果实膨大生长时期，温度白天控制在22℃左右为宜，晚上控制在5 ~ 8℃为宜，不得低于5℃，防止冷害发生。温差较大时，有利于草莓果实膨大生长。在进入3月时，气温已经明显回升，此时，白天棚内的温度可以达到25℃以上，温度过高时要及时掀膜开风口通风，直到晚上的温度稳定在8℃以上时，就可以完全去除棚膜。

温馨提示

去除的棚膜可暂时放置垄沟中，遇恶劣天气时方便取出，防止果实淋雨而发生腐烂。

（2）水肥管理　实行水肥一体化管理，做到合理施肥和灌溉。合理施肥是针对性地判断肥料的种类、用量、施肥方法和时期，避免氮肥施入过量造成徒长，引发病害发生；灌溉时需严格控制浇水量，避免因田间湿度过高，而引发病害。

①肥料管理。缓苗期所需的大部分养分由基肥提供，基肥已在整地起垄时施入，进入生长期后应加强追肥管理。草莓缓苗后追肥应掌握如下时间：第一次追肥应在顶花序现蕾时，第二次追肥应在顶花序果开始膨大时，第三次追肥应在顶花序果实采收期前，第四次追肥应在顶花序果实采收以后。在北方地区，现蕾期进行第一次追肥。小拱棚草莓萌芽后，很快会进入现蕾期，在管理上，一方面要促进草莓生长新叶片，一方面还要促进草莓开花现蕾，草莓在这一阶段的生长需要大量养分，应及时追肥补充营养，追肥时，在两行植株中间打孔施入。定植缓苗后每隔15天左右追肥1次，最好追施复合肥，每亩施三元复合肥10 ~ 15千

克，每次追肥量基本保持一致。还可以采用水肥一体化的形式滴灌追施水溶性复合肥，水溶性复合肥的浓度应控制在0.2%～0.4%。

肥料管理应掌握“适氮，增磷、钾”的原则，少量勤施。

②水分管理。控制浇水次数和浇水量。掌握判断草莓植株是否缺水的方法：在早晨观察叶片边缘，若有吐水现象，则不用浇水，若无吐水，则代表缺水，需及时浇水。植株缺水时要配备滴灌设备浇水，便于给草莓植株均匀补充水分，同时安装过滤设施，保证滴灌管道不堵塞。早期阶段要保持见干见湿的原则，只要土壤不是特别干旱，能够维持植株的正常生长，可暂时不用浇水；后期阶段，随着棚室温度的增高，应增加放风次数和时间，这个阶段水分蒸发快，容易出现严重干旱，必须及时补充水分。在开花坐果期浇水后，应使棚内保持干燥，防止湿度过大使果实霉烂。

11.植株管理　在草莓生长期内，顶花序抽出后，及时摘除植株下部的老叶、枯叶、病叶和多余的腋芽以及长势弱小的侧芽，选留1～2个方位好且健壮的腋芽，并及时摘除匍匐茎，减少不必要的养分消耗，以保证养分集中供应植株生长，有利于草莓生长环境通风透光。在草莓的生育期内，要做好疏花疏果工作，草莓开花前要把高级次的花蕾去除。在坐果初期幼果颜色变青色时，及时疏除小果、畸形果和病虫果，保留一、二级花果，同时视植株的长势情况，每株草莓应保留10个果左右，可明显提高草莓商品果率。结果后的花序要及时摘除，并引导新的花序向一侧有序舒展。每次疏花疏果或摘除老叶、病叶后，必须将摘除的花蕾、花和叶片集中运出园区深埋或烧毁，并用生石灰对棚室易感染部位进行消毒。

当草莓花集中盛开时，不要急于疏花，此时草莓正处于自然授粉的阶段，要保证有充足的花粉，当花瓣萎蔫凋谢时再疏除即可。

12.病虫害防治　小拱棚种植草莓最易感染的病害有草莓白粉病、草莓灰霉病、草莓根腐病和草莓炭疽病等，虫害有蚜虫、叶螨、蓟马和斜纹夜蛾等。病虫害的防治应以农业防治为主，科学使用物理防治、生物防治和化学防治技术。在草莓生产期间，做好田间调查，及早发现病虫害问题，及时防治。必须采用药剂防治时，首先选择生物源农药和矿物源农药，或者交替使用高效、低毒、低残留的农药，严禁使用高毒、高残留农药。在小拱棚扣膜后，优先采用熏烟法施药防治，重点做好花前防治，施药时要避开花期。果实成熟期防治要在果实采后用药，尽量减少坐果期用药。

13.适时采收　在正常的生产管理条件下，北方地区一般在每年的4月中下旬，草莓果实陆续成熟，开始进入采摘期。南方地区气候条件好，温度高，草莓在12月就可以成熟采摘。草莓的食用方式是鲜食，所以应选择在果面80%以上着色，果实达到八九成熟时采收。果实完全成熟后，甜度很高，易发生草莓白粉病，棚内湿度过大，易发生草莓灰霉病，形成烂果，影响产量和经济效益。草莓果实成熟期比较集中，为了保证果实质量，应坚持每天采摘一次，最好选在晴天早晨露水滑落后至中午高温来临之前，或傍晚气温下降后至露水形成之前进行采摘。棚膜完全去除以后，可以3 ～ 4天采收一次。草莓采摘所使用的容器要浅，底部要平整，内壁光滑，内垫海绵、泡沫或其他软的衬垫物。采摘时用拇指和食指掐断果柄，或用专用采摘设备。将果实按大小、品种不同分级分装，采摘后的商品果果柄要短，轻拿轻放，不损伤花萼，不触碰果面，无机械损伤，无病虫危害。

三、塑料大棚栽培管理

塑料大棚在草莓定植和育苗环节中广泛使用。塑料大棚根据材料的不同可分为竹架结构大棚、钢混结构大棚和钢架结构大棚。竹架结构大棚一般适用于气候常年基本稳定、风沙小、没有极端天气的地区，有些地区会将竹架制作成近似于长方形的结构用于搭建塑料大棚（图4-10）。经常出现恶劣天气的地区以及沿海地区采用骨架稳固的钢架结构塑料大棚（图4-11）和玻璃纤维结构的塑料大棚，成都地区多采用钢架结构塑料大棚进行草莓栽培（图4-12）。

图4-10　长方形竹架结构塑料大棚

图4-11　浙江钢架结构塑料大棚

1.**塑料大棚栽培方式**　草莓塑料大棚栽培方式有多种，有草莓宽畦栽培（图4-13）、草莓搭架支花序栽培（图4-14）、草莓模具培垄双行地栽（图4-15）、草莓土培垄双行地栽（图4-16）等。基质通常会添加腐熟的菌棒废料（图4-17）。利用塑料大棚进行草莓的半促成栽培，采收

图4-12　成都钢架结构塑料大棚

图4-13　草莓宽畦栽培

图4-14　草莓搭架支花序栽培

图4-15　草莓模具培垄双行地栽

图4-16　草莓土培垄双行地栽

图4-17　腐熟的菌棒废料

期可以控制在2 ～ 5月，平均亩产量可高达2 000千克左右；使用塑料大棚进行草莓的促成栽培，采收期则可以控制在每年的12月至翌年的5月，平均亩产量也可高达2 000千克左右。

2. 塑料大棚的建造　塑料大棚的建造规格标准各地区基本差异不大，通常高度为2 ～ 3米，长度为50米左右，跨度标准为4 ～ 12米。需要建造在地势较高的区域，草莓栽培要求土质疏松，土壤肥力强，酸碱度适中，通风性能良好，便于开展排水与灌溉等农事操作。如果选在坡地栽培草莓，则需要将坡度控制在3°左右，坡向应控制为南坡或东南坡朝阳的方向。应选种休眠期较短的品种，同时要求生产管理者具备较高的专业技能。塑料大棚的环境相对封闭，便于农事操作，冷凉地区可采用塑料大棚进行生产和育苗。

3. 塑料大棚半促成栽培管理

（1）选择适宜品种　该栽培方法草莓通过休眠的低温需求量较大，果实个头大、产量高，对贮藏和运输的要求条件不高，可选择宝交早生、硕香、阿尔比、甜查理、弗吉尼亚、波特拉以及国产品种石莓7号、石莓8号等品种。

（2）选择健壮种苗　草莓半促成栽培适合用假植苗，种苗应具有5 ～ 6片展开叶，新茎粗1厘米以上，根系发达，无病虫害。若采用非假植苗，应具有4 ～ 5片叶，新茎要求粗0.6厘米以上，根系发达，无明显病虫害。不同于促成栽培的是，半促成栽培用苗不要求花芽分化过早，而要求花芽分化的质量好、分化的花序多，每个花序的花数不宜过多，这样果实成熟后果形自然，畸形果数量少。

（3）土壤消毒 为了确保草莓优质丰产，每年在定植前必须进行温室土壤消毒。可利用太阳能及熏蒸剂对土壤进行消毒。太阳能消毒具有环保无污染的优势。熏蒸剂土壤消毒具有见效快、受环境条件影响小、消毒彻底等优点。但是熏蒸剂消毒技术对操作人员要求较高，熏蒸剂种类及用量要严格按照规定使用，应由专业人员操作。常用的熏蒸剂消毒方法有20%辣根素水剂消毒、氯化苦消毒等。

①太阳能消毒。太阳能消毒又称为高温闷棚，是借助太阳能对棚室和土壤进行消毒的一种方式，具有成本低、污染小的特点，并且能与其他物理、化学消毒方式相兼容，使用太阳能消毒法能够控制和杀灭多种病原和杂草等，有效降低有害生物的种群数量，在一定程度上可代替药剂熏蒸，减少农药污染，降低土壤的盐碱化程度。太阳能消毒的具体做法：

清棚后轮作：在草莓收获且拉秧后，尽快拔除植株残体，清洁棚室残余枯叶，将棚室清出的草莓植株残体及杂草统一放置于指定地点进行粉碎。掀起旧棚膜，但是不要撤掉旧棚膜，旧棚膜可以防止雨水对棚室土壤的破坏，保证养地及定植时期各个生产环节的正常进行。养地主要是在草莓填闲期种植其他作物，以改善土壤通透性，提高土壤肥力，保证土壤养分合理均衡，优化土壤微生态环境。对重茬草莓土壤进行生态及生物修复，降低重茬对作物产生的不良影响，减少病虫害的发生，同时促进新苗定植后缓苗发根。养地主要是先将草莓垄铲平整地，微喷洒水，掌握好土壤墒情，待确定湿度合适后，再以较高的种植密度播种高粱、玉米等禾本科作物，每个棚种子用量10 ~ 15千克。

施入自制土壤改良剂：7月上旬，观察温室内高粱、玉米的长势情况，当高粱、玉米高度生长至70 ~ 100厘米后割倒粉碎，将粉碎物进行堆积并覆膜，高温腐熟制成土壤改良剂，均匀撒施，然后就地翻耕埋入土中自然腐熟。将地块做成若干60 ~ 70厘米宽的小垄，提高地温。

灌水：灌水量以土壤处于饱和水分状态为宜，目的是使土壤处于缺氧状态，有利于消灭病虫草害，加速有机肥腐熟。水要尽量一次浇足，因为消毒期间灌水会降低温度，削弱消毒效果。

垄面覆膜：用地膜或旧塑料膜覆盖垄面四周，压实以促进提高地温，同时盖上大棚薄膜密封，可大幅度提高棚内温度，在7 ~ 8月晴天高温天气，土壤温度可达50 ~ 60℃，这样能有效地杀死土壤中的病原物，截断病虫土壤传播途径。太阳能土壤消毒时间至少为30天，否则在定植后缓苗阶段易出现烧苗现象。

②石灰氮结合太阳能消毒。在太阳能消毒的基础上添加石灰氮，增强消毒效果，使土壤消毒更为彻底，因为石灰氮在湿润的土壤中发生化学变化，其产物的毒性能杀灭土壤中的有害生物，并最终转化为氮肥，对环境没有任何副作用。石灰氮的使用量为每亩50 ~ 75千克，在太阳能消毒时随高粱、玉米一并施入。

具体操作：旋耕整地，在土壤墒情合适的时候深旋土壤，将土块完全打碎，使土地平整（图4-18）。专业人员根据棚室长、宽度裁剪专用消毒地膜（图4-19），为覆膜做准备。由专业人员操作，做好自身防护，按照规定的浓度比例配制石灰氮药液（图4-20）。利用专业机械设备将石灰氮药液注入土壤深层（图4-21）。及时将专用地膜平铺土壤表层（图4-22），在地膜连接处用宽胶带将缝隙粘牢，避免透气，使消毒效果降低。严格整理、检查地膜四周是否压实（图4-23），之后开始消毒，一般消毒时间持续20 ~ 30天效果最佳。

图4-18　旋耕整地

图4-19　裁剪专用消毒地膜

图4-20　配制石灰氮药液

图4-21　将石灰氮药液注入土壤深层

图4-22　地膜平铺 缝隙粘牢

图4-23　检查地膜四周是否压实

③ 20%辣根素水乳剂消毒。20%辣根素水乳剂是一种新型生物熏蒸剂（图4-24），对土壤真菌和细菌有明显的杀灭效果，对土壤放线菌杀灭效果不明显，对土壤真菌中的镰刀菌杀灭效果达到了100%，对土壤真菌中的腐霉、曲霉、青霉等病原杀灭效果达到显著水平。设施草莓土壤经过辣根素消毒处理后，草莓整个生长期内的植株死亡率明显降低，辣根素可以取代溴甲烷等高毒农药在草莓生产上进行推广应用。用20%辣根素水乳剂处理土壤时，利用滴灌系统施肥器将药剂施入土壤，用塑料膜密封3 ～ 5天后定植。

图4-24　20%辣根素水乳剂

具体操作：旋耕整地、准备专用地膜，铺设滴灌设施（图4-25），以备消毒。该操作由专业人员实施，做好防护，按照要求浓度比例配制20%辣根素水乳剂（图4-26）。将20%辣根素水乳剂由滴灌设施随

图4-25　铺设滴灌设施

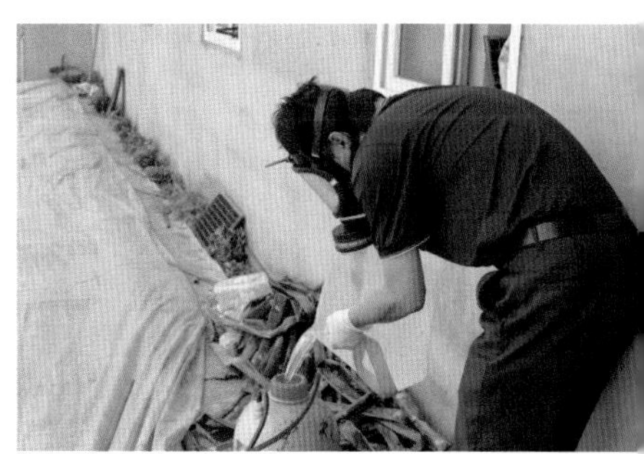

图4-26　配制20%辣根素水乳剂

水流注入土壤（图4-27）。迅速铺平盖好消毒专用地膜，四周用土压实（图4-28）。确认地膜覆盖四周已经压实盖严（图4-29），开始消毒。

图4-27　20%辣根素水乳剂进入滴灌设施

图4-28　覆盖地膜后，四周用土压实

图4-29　消毒地膜四周压实后状态

④氯化苦消毒。使用氯化苦进行土壤消毒，可有效控制土传病害的发生，迅速恢复土壤生产能力，氯化苦土壤消毒技术可分为平地消毒和起垄消毒。

具体操作：在土壤消毒前3 ~ 6天将土壤浇透水。然后，当土壤墒情适宜时进行旋耕，旋耕深度要达3厘米。旋耕前，施入腐熟的农家肥。准备好药剂、平地施药器械和垄上施药器械、专用消毒地膜（图4-30）、防毒面具（图4-31）（针对氯化苦）等用具。

A.垄上消毒。应使用垄上施药专用器械（图4-32），将药剂注入地

图4-30　专用消毒地膜

图4-31　针对氯化苦的防毒面具

表下15 ～ 30厘米深度的土壤中（图4-33），注入点间距为30厘米。将药剂均匀注入土壤内，每孔用药量2 ～ 3毫升，边注入边用脚将注药穴孔踩实，此步骤可单人操作或双人配合操作（图4-34）。

B.平地消毒。将配制好药液的施药桶放在专用的施药机械（图4-35）上，施药机械动力要求强劲，机械行进时可将药剂均匀地施用于处理区的土壤内，通常每隔30厘米注射药液2 ～ 3毫升，注射深度通常是15 ～ 30厘米。

图4-32 垄上施药专用器械

图4-33 将药剂注入地表下15 ～ 30厘米

图4-34 双人配合操作

图4-35 平地专用的施药机械

施药后迅速覆盖地膜（图4-36），周围用土压好进行密封，操作时，应佩戴好防毒面具（图4-37）。初步覆盖完成后，在地膜连接处将缝隙用土壤或沙子压实（图4-38），以防止刮风时将塑料薄膜刮起、刮破。随时检查覆盖效果（图4-39），发现塑料薄膜破损后及时修补。

图4-36　覆盖地膜

图4-37　佩戴好防毒面具作业

图4-38　进一步将缝隙处用土壤或沙子压实

图4-39　随时检查覆盖效果

土壤消毒特别是使用石灰氮或熏蒸剂进行土壤消毒后，要撤掉覆盖的地膜，通风晾地7 ～ 10天，翻耕3次以上，再进行整地施肥。

如恰逢雨季，注意利用旧棚膜做好防护，防止雨水大量流入棚内，造成土壤湿黏，旋耕时达不到标准。

（4）整地　为防止有机肥腐熟不完全而造成烧苗，温室整地应在定植前7 ～ 10天完成。整地之前需清洁田园，根据草莓的生长特点与营养需求，科学施加基肥，基肥首先以腐熟的有机肥为主，结合土壤深耕每亩撒施优质农家肥3 000 ～ 4 000千克，三元复合肥（15- 15-15）40 ～ 45

整地施肥

千克，硫酸钾20千克，旋耕深翻土壤，深度控制在25～30厘米，使肥料和土壤充分混合，利用机械设备对土壤进行平整处理。采用高垄定植，一般选择南北向起垄，垄的上面宽度为40～50厘米，底面宽度为60～70厘米，垄的高度为30～35厘米，两条垄的间距为25～30厘米，垄起好后在垄面上对称铺设2条滴灌管。

合理密植，保证田间通风透光，高垄定植可增加垄面的光照面积，提高地温，促进草莓根系生长。

（5）草莓定植

①定植时间。塑料大棚半促成栽培草莓一般选在9月中下旬定植假植苗，对于非假植苗，一般则选在8月下旬至9月初温度适中的天气开展定植工作。

②定植要求。草莓种苗应采用“品”字形双行定植。在垄面上小行距20～30厘米，株距依据草莓品种确定，一般设定为15～20厘米，每亩定植8 000～10 000株。为了便于生产管理，应选择大小一致、长势均衡的种苗。草莓的定植要领是深不埋心、浅不露根，种苗定植方向是弓背向外，引导花序向垄的两侧生长，使草莓果实生长在垄的两侧，保持通风透光。定植后应将植株周围的土压实并立即浇透水一次。

③定植后的管理。定植7天后，每1～2天就要浇一次水，以后观察土壤湿度与缓苗情况逐渐加大灌水间隔，促进种苗成活。如果定植和缓苗期间光照强烈，温度较高，则需采取遮阳措施，缓苗后及时揭去覆盖物，进行中耕晾苗，土壤微干时再适量浇水。半促成栽培草莓不需要花芽分化过早，为了适当延缓花芽分化，促进草莓苗健壮生长，应追施一次氮肥或叶面喷施0.3%～0.5%的尿素，到11月中旬应进行第二次追施，每亩需施用三元复合肥10千克，可开沟追肥，追肥后浇水，也可以配制成0.2%的液体肥料，顺着垄面浇施或采用滴灌冲施。11月下旬气温逐渐降低，在土壤封冻前要浇封冻水。另外，还要加强田间管理，清除田间杂草，摘除老叶、病叶和匍匐茎，以及多余的侧芽，每株选留2～3个发育充实的侧芽即可。对于种植过深或因浇水而埋心的植株，要及时清理补救，露出苗心，保护种苗，同时严防病害发生。

（6）*覆盖棚膜保温* 草莓半促成栽培开始覆盖棚膜的时间要根据品种的休眠特性、当地的气温条件、生产目的、保温设施等因素来确定。休眠浅、5℃以下低温需求量低的品种，解除休眠的时间早，可以早覆盖棚膜保温；休眠深、5℃以下低温需求量高的品种，解除休眠的时间晚，扣棚膜也可以适当晚些。若覆盖棚膜保温过早，则植株经历的低温量不足，升温后植株长势就会很弱，叶片窄小、叶色浅、叶柄短、花序也短，抽生后的花序虽然勉强能够开花结果，但果实小而硬、口感不好、种子外凸、外观不美、产量低，品质也差；覆盖棚膜过晚，草莓植株经历的低温量过多，植株会出现叶片薄、叶柄长等徒长现象，并且大量抽生匍匐茎，消耗大量的养分，严重影响果实的发育，使经济效益受损。在北方地区，利用塑料大棚进行草莓半促成栽培时，一般在11月下旬至12月上旬覆盖棚膜。

（7）*覆盖地膜* 可选用厚度0.008毫米的黑色聚乙烯地膜，膜宽选择120 ～ 140厘米为宜，这样能覆盖全面，保证地面无裸露。覆盖地膜一般在扣棚膜后的9 ～ 11天内，选择在早晨、傍晚或阴天时进行，能对种苗起到很好的保护作用。

温馨提示

覆盖地膜前需摘除枯叶和老叶，覆盖地膜后应立即破膜提苗，地膜展平后立即浇水，如果覆膜过晚，保温后植株生长速度会显著加快，提苗时容易折断叶柄，造成人为损伤，影响植株生长发育。

（8）*覆盖棚膜后的管理*

①温度管理。覆盖棚膜保温初期，为了促进植株生长，防止种苗矮化重新进入休眠，使花蕾发育充实均匀，需要保持较高温度，由低温逐渐转为高温管理。为提高温度，可在大棚内加盖二层幕布或搭建小拱棚，形成棚中棚。覆盖棚膜保温7 ～ 11天，白天适宜温度为28 ～ 30℃，夜间保持在8 ～ 10℃。若白天棚内温度超过30℃，应及时通风换气降温，夜间温度低达不到要求时，可采用加盖草帘等保温措施。在不发生烧叶的情况下，要完全密闭温室，保证较高的空气湿度，使草莓提早打破休眠，如果发现轻微烧叶，可在叶面喷洒少量水分。在草莓现蕾期，当2 ～ 3片新叶展开时，白天温度应控制在25 ～ 28℃，夜间8 ～ 10℃，此时正是花粉母细胞四分期，对温度变化十分敏感，容易发生高温或

低温伤害，要防止日光温室内温度急剧变化，棚内温度不能超过35℃。在开花期，白天适宜温度为23 ～ 25℃，夜间8 ～ 10℃，白天温度超过26℃就会影响植株正常授粉受精。在果实膨大期和成熟期，白天适宜温度为20 ～ 25℃，夜间5 ～ 8℃，地温保持18 ～ 22℃为宜。冬季最低温度要保持在5℃以上，浆果着色快，果实不易膨大。果实进入成熟期后，要经常通风换气，调节温度，白天应保持在20 ～ 23℃，夜间保持在5 ～ 8℃。此阶段如温度较高，则果实小，采收早，如温度较低，则果实大，采收迟，具体可根据当地市场实际情况灵活控制温度。3月中下旬，气温逐渐升高，这时顶风口、侧风口可同时开放，侧风口适合在中午时打开，逐步加大放风量，通常在4月20日前后可撤除棚膜。

②湿度管理。覆盖棚膜保温初期阶段，温室内的湿度较大，应控制在85% ～ 90%。草莓在开花期对湿度反应很敏感，这个阶段适宜的湿度应控制在30% ～ 50%，草莓在坐果及果实膨大期间，湿度应控制在60% ～ 70%。通常开风口放风降低湿度，阴雨天棚室内湿度大，需在中午短时通风，同时要防止温度过低。

③水肥管理。如果保温前草莓追肥不足，植株长势较弱，在保温开始后10 ～ 15天，可追施一次氮肥。保温管理期间，蒸发和蒸腾量大，如果土壤水分不足，温室内干燥，则影响新叶叶柄伸长，叶片小而卷曲，初蕾的萼片顶端或叶片褐变枯死，这种现象在覆膜后7 ～ 10天内最易发生，因此，要注意及时浇水。早晨观察叶片边缘是否有吐水现象，如叶片边缘有水珠吐出则说明水分充足，相反则表示缺水，浇水最好采用膜下滴灌的方式进行，一般覆盖棚膜保温前和盖地膜前各浇1次水。果实膨大期至采收期，植株需水需肥量增多，是水肥管理的关键时期，应根据植株长势，结合浇水追肥1 ～ 2次，每次追肥后浇1次水。一般在第一茬果采收后要进行追肥，追肥以三元复合肥为主，每亩施用10 ～ 15千克，可揭开垄两侧的膜，在垄的两侧沟施后再将膜盖好，也可在垄面上穴施，也可滴灌施入。

（9）*植株整理*　为保证草莓植株始终处于正常的生长发育状态，保持合理的花序数量，在生产上要随时进行摘除老叶、病叶，掰芽，摘除匍匐茎，疏花疏果等管理工作。

①摘除老叶、病叶。草莓半促成栽培中要及时摘除老叶、病叶，以减少草莓植株不必要的养分消耗，同时还能改善植株的通风透光情况和减少病害。摘除老叶、病叶时，最好连叶鞘一同去除。

②掰芽。在顶花序抽生后，每个植株上选留2个方位好且粗壮的腋芽，其余芽全部掰除，以后再抽生的腋芽也要及时掰除。

③疏花疏果。疏果要根据栽培品种的坐果能力和植株的长势决定留果数。一般生产上每个花序留果实7 ～ 12个，随着坐果率增加再将畸形果、病果、小果疏除，最终每一花序保留5 ～ 7个果实。结果后的花序要及时清除，以促进新花序抽生，同步去除植株叶腋间长出的匍匐茎分枝。

（10）辅助授粉　草莓半促成栽培中，保温初期温室内温度低、湿度大、光照短，极易造成畸形果，需要借助蜜蜂辅助授粉。一般每亩棚室放置1 ～ 2箱蜜蜂，每箱蜜蜂约有5 000头，以保证1株草莓有1只以上的蜜蜂为其授粉。在草莓开花前1周将蜂箱放入温室内，放置时间应选在早晨或黄昏，把蜂箱放在靠近温室的西南角，蜂箱巢口对着温室的东北角，或者把风箱放在温室的东南角，巢口对着温室的西北角，授粉效果比较好，如果蜂箱放在南侧，要注意保温防潮。

（11）病虫害防治　草莓塑料大棚半促成栽培中最容易发生的病害是侵染性病害，如草莓白粉病、灰霉病和芽枯病等，发生的虫害有螨类、蚜虫和蓟马等。病虫害防控应遵循“预防为主，综合防治”的植保方针，及时摘除老叶、病叶，适时通风，避免其扩散蔓延，加强水肥管理，优先使用生物防治方法，结合使用悬挂黄（蓝）粘虫板诱杀、硫黄熏蒸等物理防治方法，科学使用化学药剂防治，保证食品安全。

4. 塑料大棚促成栽培管理　利用塑料大棚进行草莓的促成栽培，其特点是不用配制增温设备，在深冬气温很低的时候，通过在塑料大棚内加扣小拱棚或挂幕帐的形式来提高保温效果，南方塑料大棚促成栽培可以实现11月下旬上市，采收期一直可以延长到翌年5月。

（1）选择适宜品种　由于塑料大棚内没有增温设备，冬季棚内的自然温度只能满足草莓的生长以及开花结果和果实膨大成熟的基本要求，因此，采用塑料大棚促成栽培草莓时，应选用休眠浅、生长势强、耐低温、栽培容易、品质优良的品种，如丰香、幸香等。

（2）选择健壮种苗　使用塑料大棚进行草莓促成栽培对草莓种苗的要求很高，需具有5 ～ 6片展开叶，叶色鲜绿色，叶柄粗壮，新茎粗1 ～ 1.5厘米。根系发达，一级根在10条以上，粗而白，株型矮壮，侧芽少，植株鲜重在30克以上，无明显病虫害，植株完整，无损伤。

（3）土壤消毒　参见本章塑料大棚半促成栽培管理。

（4）整地 参见本章塑料大棚半促成栽培管理。

（5）定植

①定植时期。草莓的普通生产用种苗通常在8月底至9月初定植，假植苗则通常在9月中旬定植，因为此时阴雨天较多，植株定植后缓苗快、容易成活，有利于花芽进一步分化。

②定植要求。参见本章塑料大棚半促成栽培管理。

③定植后管理。草莓在定植后7天内的缓苗阶段，每1～2天需要灌水一次，以后根据土壤湿度与缓苗程度拉大浇水间隔，还应不间断巡查确保土壤湿润，促进种苗成活。从定植成活后到覆盖棚膜升温植株现蕾前，做好控肥控水，不应追肥。草莓缓苗后，结合锄草，中耕2～3次，促进根系生长，同时去除老叶、黄叶、病叶和枯叶。

（6）覆盖地膜 草莓塑料大棚促成栽培中，一般在植株现蕾期覆盖地膜，这个时期植株的韧性最好，覆膜过程中给植株造成的伤害最小。盖膜后应立即破膜提苗，提苗的洞口要尽量开的小一些，以增加保温效果和减少从洞口长出的杂草危害。地膜展平后，应立即进行浇水。

温馨提示

覆盖地膜不可在清晨进行，因为此时草莓植株含水量高，叶柄较脆，易损伤叶片，一般应选在中午前后进行，此时叶片受阳光照射后变软。

（7）覆盖棚膜保膜 当外界平均温度接近15℃时，白天的光照时间已经少于11小时，可选择此时覆盖棚膜。在江苏、安徽等地区，一般于10月下旬至11月初覆盖棚膜，如果覆盖棚膜过早，温度还很高，草莓容易生长过旺导致减产，不利于腋芽、花芽分化，覆盖棚膜过晚，气温降低，休眠程度会加深，即使营造高温条件，植株也很难在短时间内恢复正常生长发育，容易导致授粉效果差、结果晚、产量低。

（8）增设小拱棚 当外界自然温度低于5℃时，草莓植株生长发育就会受到抑制，长时间经历低温的草莓植株会进入休眠状态，因此，在塑料大棚中温度降到5℃之前，应及时在棚内搭建起小拱棚实现二次保温，以保护草莓植株正常生长。当外界气温低于0℃时，则应该再加盖一层小拱棚，做到三重覆盖防备，三层膜间隔40～50厘米，形成气温隔离缓冲空间，不然花果容易受到冻害，使生产遭受损失。

(9) 覆盖棚膜后的管理

①温度管理。为防止草莓进入休眠期，棚室保温初期的温度应相对高些，白天可保持在25 ~ 30℃，超过30℃时，要及时通风降温。植株现蕾后要停止高温高湿的管理模式，白天温度可控制在25 ~ 28℃。草莓进入开花期后，一般白天要求温度在22 ~ 25℃，棚内湿度要控制在40%左右。果实膨大期和成熟期受温度影响较大，比较适合的温度是20 ~ 22℃。夜间温度不能低于5℃，草莓易受冻害。

②水肥管理。覆盖棚膜后要及时追肥，每亩施用尿素10千克，硫酸钾10千克或使用其他相应的水溶性肥料每亩10 ~ 15千克，之后，根据草莓生长情况，每10 ~ 15天追肥1次。

③植株整理。参见本章塑料大棚半促成栽培管理。

④辅助授粉。在草莓开花前的5 ~ 7天，搬入蜂箱，静置2天左右，让蜜蜂适应新的环境后大棚内开始放蜂。一般每亩日光温室放置1 ~ 2箱蜜蜂，保证1株草莓有1只以上的蜜蜂授粉。放蜂一直延续到3月中下旬春暖花开时，此时气温已高，大棚开风口通风时间较长，其他昆虫也会随时飞入，花粉传播条件已得到改善，自然授粉恢复正常。

⑤病虫害防治。参见本章塑料大棚半促成栽培管理。

四、日光温室栽培管理

目前，日光温室栽培在草莓生产上应用最为广泛。虽然日光温室的建造成本昂贵、结构复杂、模式多样，但保温效果好、经久耐用、安全方便。

1. 日光温室的建设　日光温室的建造标准是长50米、宽8米，主体结构包括承重墙、钢架（图4-40）、温室耳房（图4-41）、排水沟（图4-42）、卷帘机（图4-43）等，还包括塑料棚膜（图4-44）、防虫网（图4-45）、遮阳网（图4-46）、压膜拉绳（图4-47）、棚膜卡簧（图4-48）、大棚棉被（图4-49）或草帘（图4-50）、外墙保温层（图4-51）、通风窗口（图4-52）等辅助设施。有的地区为节约成本采取土夯墙体（图4-53）建造钢架日光温室，只要精心维护，同样能进行草莓生产。日光温室侧墙呈弧形斜坡状，建造过程中需结合弧形斜坡砌成阶梯状（图4-54），有利于登上棚顶作业。耳房的作用很大，首先是保温、隔离的作用，其次是放置各种生产资料和工具（图4-55、图4-56），还可以进行草莓包

图4-40　温室的承重墙、钢架

图4-41　温室耳房

图4-42　排水沟

图4-43　卷帘机

图4-44　塑料棚膜

图4-45　防虫网

图4-46　遮阳网

图4-47　压膜拉绳

图4-48　棚膜卡簧

图4-49　大棚棉被

图4-50　草　帘

图4-51　外墙保温层

图4-52　通风窗口

图4-53　土夯墙体

图4-54　弧形斜坡砌成阶梯状

图4-55　耳房放置生产资料

装等。后墙预留通风换气窗，可随时根据棚内温度、湿度进行开窗调整。棚前挖好排水沟，可防止草莓起垄、定植、缓苗等时期雨量过大流进棚内，给草莓生产造成重大影响。标准的日光温室钢架市场上很好采购或预定，建议选择厚度达到安全标准、正规厂家生产的搭建材料，此环节不可为了节约成本而选择相对便宜、质量较差的材料，易带来安全隐患，也不利于草莓生产。日光温室建造时，一般在钢架靠近耳房的一侧、靠底部最外侧的一根钢架设计成可灵活拆卸的形式（图4-57），便于在草莓休耕期运输农资、土壤旋耕等操作。

图4-56　耳房放置工具

图4-57　可灵活拆卸的钢架

2. 日光温室建造模式　日光温室有多种建造模式，如辽宁丹东地区采用的标准无侧墙模式（图4-58）、超大型有侧墙模式（图4-59），河北保定地区采用的土夯墙侧墙草帘覆盖增温模式（图4-60）。由于土夯墙主体不耐雨雪，通常要加盖塑料草帘（图4-61）、篷布（图4-62）等防雨雪，其棚内支撑物也很简单，有水泥柱支撑（图4-63）、圆木支撑

图4-58　标准无侧墙模式

图4-59　超大型有侧墙模式

（图4-64）等，形式简单。日光温室大棚建好以后，要经常维护和保养，以免出现墙体垮塌（图4-65）等安全事故。

图4-60　侧墙草帘覆盖增温模式

图4-61　加盖塑料草帘

图4-62　墙体加盖篷布

图4-63　水泥柱支撑

图4-64　圆木支撑

图4-65　温室墙体垮塌

3. 土壤消毒　参见本章草莓塑料大棚栽培管理。

4. 整地起垄

（1）起垄栽培的优势（图4-66）　采用平畦栽培草莓，田间湿度大，通风透气性差，病虫害严重，极易造成果实霉烂，品质、产量降低，高垄栽培可克服以上弱点，更能满足保护地栽培的需要。高垄栽培有如下优势：

①适宜密植，夺取高产。草莓栽在高垄上，可保证叶片朝上，有利于叶片进行光合作用，垄间垄沟可形成通风、透气、透光（图4-67）的走廊，有利于发挥群体增产优势。

图4-66　草莓高垄栽培

图4-67　较深的垄沟通风、透气、透光

②节约用水。高垄栽培改变了灌水方式，多采用滴灌的灌溉方式（图4-68），相比大水漫灌，可节约用水30%～40%，同时可解决植株根部土壤板结的问题。

③便于田间管理。在定植草莓苗时，草莓弓背统一朝向垄外，花序从弓背方向长出并结果后，果实紧贴在高垄两侧的壁上，人在两个高垄间的垄沟内行走不会伤到草莓果实，便于进行疏花疏果、果实采收、病虫害防治等田间管理工作（图4-69）。

④有利于有机物的转化和积累。高垄栽培土壤表面由平面改为波浪形，可扩大土壤表面积30%以上，从而增加太阳能和光能的获取量，白

图4-68　滴　灌

图4-69　便于田间管理的定植状态

天升温快，夜间降温快，昼夜温差加大，有利于有机物的转化和积累，使果实膨大加速。

⑤提高果实品质。由于果实挂在高垄两侧的壁上，果实向阳，果个大，着色好，口感佳，还可以防止浇水时果实被污染，同时避免了病原随水传播到果实上，清洁卫生。

(2) *起垄的方法* 定植前7 ~ 10天施入底肥，旋耕均匀后起垄。草莓垄为上窄下宽的梯形，起垄前，挖一铁锹土的深度（图4-70）查看土壤墒情（图4-71）及湿度是否适宜。土壤墒情合适的表现：耕层5 ~ 10厘米处的土壤，手握成团但不出水，手无湿印落地即散，若土壤墒情不达标，旋耕效果就不能得到保障。旋耕环节是草莓整个生产季中的重中之重，旋耕不达标会给后续生产带来很大障碍，不利于草莓缓苗、产生新根和吸收营养。在土壤旋耕前的草莓休耕期，应种植倒茬玉米（图4-72）等作物养地，旋耕时可将其翻入土壤中。土壤旋耕时不应选用刀具长度为20厘米（图4-73）的小型旋耕机械（图4-74），应选用刀具长度30厘米的大型旋耕机械（图4-75）进行全面深耕，旋耕同时撒施硫酸钾肥（图4-76）。旋耕不可留死角（图4-77），一般需旋耕5 ~ 6遍，使土

图4-70　挖土深度

图4-71　观察土壤墒情

图4-72　种植倒茬玉米

图4-73　长度20厘米的旋耕刀具

图4-74　小型旋耕机械

图4-75　大型旋耕机械

图4-76　撒施硫酸钾肥

壤颗粒充分打散（图4-78），便于起垄、压实、微喷滴灌洇垄，不易塌垄（图4-79）。通常，北方草莓起垄一般为南北走向，垄距80～100厘米，垄上面宽40厘米，垄底面宽60厘米，垄高30～35厘米。草莓起垄可使用专用起垄模具，由于草莓垄的形状为梯形，所以起垄模具的形状也为梯形。常见的有铁制起垄模具（图4-80）和木制起垄模具（图4-81）。

图4-77　旋耕不留死角

通常，标准温室使用的是铁制起垄模具，长度为6.5米，上宽3.8米，下宽4.2米（图4-82），高为10厘米（图4-83）。由于模具较长，需用铁棍将中间或对称1/3处焊接（图4-84），增加承重张力。草莓起垄需团队协作完成，从起始点最外侧挖土填充模具（图4-85），注意掌握好起垄高度（图4-86），依次顺延，用土填满模具后，应人工脚踏踩实（图4-87），起垄后立即滴灌洇垄 。

图4-78　土壤颗粒充分打散的状态

图4-79　塌　垄

图4-80　用铁制起垄模具起好的垄

图4-81　木制起垄模具

图4-82　模具规格

图4-83　模具高度丈量

图4-84　焊接铁棍

图4-85　起始点最外侧挖土填充

图4-86　掌握好起垄高度

图4-87　人工脚踏踩实

5. 定植前的准备

定植前准备

（1）定植时间的确定　草莓定植时期与当地的气候条件有很大关系，一般南方温暖地区在9月中旬至10月上旬定植，北方地区在8月下旬至9月上旬定植。

（2）*检查滴灌系统* 使用过的旧滴灌管容易发生阻塞，出水不均匀，使用前可把滴灌管的尾部打开，用大水从头到尾冲洗一遍，冲洗后折叠封闭尾部（图4-88、图4-89），打开滴灌系统，逐个检查每个孔的出水情况，保证其畅通。对于开裂漏水的滴灌管，需及时修理或更换。通常，每垄中间铺设一条滴灌带（图4-90），孔距15厘米（图4-91）。但一条滴灌带需同时给一条垄上的两行草莓供水，因其出水量小，因此均匀洇湿到草莓根部和垄外侧的时间较长，为提高灌溉效率，目前多采用新型闭路循环法铺设滴灌带（图4-92），即将一条滴灌带连接主管道在垄头做成U形闭路（图4-93），另一头再回流到主管道（图4-94），这样在每条垄上铺设了两条滴灌带，大大缩短了灌溉的时间，也有效防止了洇垄不全面和滴灌带尾部封闭不严跑水的情况出现。

（3）*洇畦造墒* 栽苗前1 ～ 2天需适当浇水，将垄洇好，使土壤保

图4-88　折叠封闭尾部正面

图4-89　折叠封闭尾部侧面

图4-90　每垄铺设一条滴灌带

图4-91　孔距15厘米

持一定的湿度（图4-95），有利于定植。可微开滴灌阀慢慢滴水，出水速度2 ~ 3秒/滴为宜，垄面出现明水时停止浇水，防止水大塌垄，水自由下渗后再重复操作，直到垄两侧土壤湿润。遇阴雨天气时，还可放下棉被防雨（图4-96），防止雨水冲垮草莓垄，延误生产。

（4）加盖遮阳网　定植时常遇到高温天气，空气干燥，为提高种苗成活率，在定植前可加盖遮光率为60%的遮阳网（图4-97），防止阳光暴晒和水分快速挥发，避免种苗遭受高温危害。当种苗成活恢复生长后，即可揭除遮阳网。

图4-92　闭路循环法铺设滴灌带

图4-93　垄头做成U形闭路

图4-94　另一头回流到主管道

图4-95　洇垄造墒

图4-96　棚外放下棉被防雨

图4-97　加盖遮阳网

若遮阳网覆盖时间太长，光照不足，会导致种苗徒长并影响顶花芽发育。

(5) *种苗暂存场所的选择*　草莓种苗大量购进后，如果不能及时定植，则需要建立一个用于存放种苗的适宜场所、修理种苗和分级，如不需要定植的棚边（图4-98）或暂时不定植的垄沟内（图4-99），用土在四周盖严，及时浇水暂存。暂存处要求避风阴凉，特别是裸根苗，还需要再用湿毛巾或湿草毡盖在苗上，以缓解根系失水的速度，保护根系，如有条件可将种苗放在冷库中储藏。

图4-98　棚边存放

图4-99　垄沟内存放

6. 种苗的准备

(1) *起苗*　自育种苗在起苗前一周喷施一次广谱性杀菌剂，注意喷洒均匀，起苗深度不要低于15厘米，以免伤根。若苗圃离温室较近，则最好带土坨定植。种苗生产基地要快速起苗，将整理好的种苗按50 ～ 100株一捆包扎，挂上标签，标明品种、起苗日期等，根部包扎好，然后按8 ～ 10包一箱包装。运输路途遥远或气温较高，可在每箱草莓苗中间放几个冰袋，运到定植地点后立即在阴凉处摊开并用清水清洗，尽快定植。异地购苗需提前做好定植准备，以便苗到后立即定植。

种苗的准备

(2) *种苗选择与分级*　草莓种苗质量的好坏直接影响其产量和品质，应选择品种纯正、优质抗病、健壮、无病虫害、根系发达、新茎粗

0.8厘米以上、具有4片以上功能叶的种苗（图4-100）。主栽品种应根据市场需求而定。健壮的种苗除了要有较粗的新茎外，还应当有较为发达的根系和明显的生长点。定植前需要对种苗进行简单分级，方便统一管理。一般新茎粗度在0.8厘米以上的草莓种苗定为一级苗，在0.6～0.8厘米的定为二级苗，低于0.6厘米的定为三级苗，三级苗基本不适宜定植。可将同一级别的种苗定植在一个棚或一个区域内，根据不同级别的种苗生长状况进行针对性管理。

图4-100 挑选出的健康种苗

（3）种苗整理 可以与分级同时进行，主要是去掉种苗的老叶、病叶及匍匐茎，减少定植后种苗自身养分的消耗，促进成活（图4-101）。去除老叶、病叶时，不要用手直接揪，这样伤口大、位置低，病原容易通过伤口侵入使种苗感病，最好使用消毒的剪刀保留2～3厘米叶柄将病叶剪掉，留下的叶柄待定植后再一并去除。有些种植户定植前习惯用剪刀剪短老须根（图4-102），促使新根快速发育，而剪刀不经消毒易使草莓须根从剪刀造成的伤口处感染病原，导致死苗，即便剪刀消毒后进行剪根，剪根种苗缓苗速度也不及不剪根种苗，且后期

图4-101 种苗整理

图4-102 剪刀剪短老须根

生长速度和坐果茬数都不及不剪根种苗。裸根苗在定植前应进行蘸根处理（图4-103）和种苗消毒（图4-104），定植前要准备好消毒需要的药剂和设备。一般可采用杀虫剂溴氰菊酯2 000倍液、杀菌剂多菌灵1 000倍液、生根粉进行蘸根，三种制剂分开使用，每种制剂蘸根2 ～ 5分钟。

图4-103 蘸根处理

图4-104 消毒后的种苗

定植前，还应该使用试纸条对草莓种苗进行病毒快速检测，淘汰病苗，避免草莓病毒病发生，保证生产质量。

7. 定植

（1）定植时间和密度 草莓定植最好选择在阴天或小雨天，如果是晴天，则应该在早、晚气温比较低的时候进行。每条垄上定植两行，呈三角形种植，行距25 ～ 35厘米，株距15 ～ 20厘米，每亩定植6 000 ～ 8 000株为宜。定植时，可根据苗的大小调整密度，质量好的定植密度小，质量稍差的定植密度大。一般情况下，每个标准棚的建造宽度为8米，除去操作通道和滴灌主管道占据的1米左右宽度，棚边需留30厘米宽度的隔离带，剩余6米左右宽度用于草莓定植。每垄最多可定植80 ～ 85株草莓，株距15厘米左右。

定植的方法

温馨提示

当株距低于15厘米时，会造成密度过大，后期植株长势茂盛时易造成通风不畅、光照不足，而且草莓后期分化加快、花序增多，根本不利于生产操作，甚至会造成草莓品质下降和减产。

（2）定植方式

①南北向纵垄栽培（图4-105）。定植前，先把草莓幼苗分成小捆，均匀摆放在垄面上（图4-106），每小捆10株左右，便于栽培时拿取。不要将幼苗单株放在预定株距坑穴旁，避免根部水分蒸发过快，造成缓苗时间加长。最好按顺序定植，以防遗漏。注意定植深度，应使新茎的顶部和顶芽的基部与地表平齐，做到深不埋心、浅不露根，定植过浅会导致部分根系外露，吸水困难且易风干，难发新根，定植过深则生长点易被埋入土中影响新叶发生，时间过长易引起植株腐烂死亡，且保温后易受草莓芽枯病危害，定植深度适宜可以使叶鞘及基部接触畦面，将来发根较多。栽植种苗时需注意栽苗方向，为使草莓在同一方向结果，便于管理和采收，需要定向栽植，即在定植时植株都需要将弓背（图4-107）朝向垄沟（图4-108），这样花序可全部排列在垄沟沿上，有利于疏花疏果和果实采收。对于个别果色较差的品种如丰香，最好采用植株弓背朝

图4-105　草莓纵垄栽培模式

图4-106　均匀摆放在垄面上

图4-107　草莓弓背形状

图4-108　草莓弓背朝向垄沟定植

向垄台的定植方式，结果后用绳子将叶片挡在垄两侧，将结果的花序摆放在垄台上，这样有利于果实接受光照提高品质。将果实摆放在垄台上时，最好能在塑料地膜上加盖一层黑色的无纺布，避免果实直接与地膜接触，这样可防止果实底部被烫伤。定植时需掌握好操作方法，定植前先将拉绳每隔15厘米系一绳结以标注定植株距（图4-109），按照结点把土挖开（图4-110），将根舒展置于“品”字形种植穴内（图4-111），然后填入细土，压实并轻轻提一下苗，使根系与土壤密切接触。定植后立即浇大水一次（图4-112），水要浇透但不能过量（图4-113），以防塌垄，垄两侧见湿即可。浇水后如果发现有植株露根或有弓背朝向垄沟外的均应及时调整或重新栽植，漏栽的应当及时补苗。草莓定植需要团队协作（图4-114）进行，以防时间过长根部脱水。定植后可微喷、滴灌、人工同时进行浇水（图4-115），缓苗期发现死苗（图4-116）应及时补苗。草莓缓苗后要小水勤浇，见干见湿（图4-117），要加强管理及

图4-109　拉绳系结

图4-110　挖开土壤

图4-111　“品”字形种植穴

图4-112　定植后浇大水

时修垄（图4-118）。为防止高温暴晒，应及时覆盖遮阳网（图4-119）。草莓定植的形式多种多样，在一个棚室种植多个草莓品种的可根据叶色区分（图4-120）不同品种。在丹东地区则习惯用大型温室（图4-121）栽培草莓，有的还习惯在定植时去除幼苗老叶片时留下一段部分叶柄（图4-122），以减少基部伤口，防止病原侵入。

图4-113 浇水过量垄沟内积水泥泞

图4-114 团队协作定植

图4-115 微喷、滴灌、人工同时进行浇水

图4-116 缓苗期的死苗

图4-117 浇水要见干见湿

图4-118 及时修垄

图4-119　缓苗期覆盖遮阳网

图4-120　根据叶色区分品种

图4-121　丹东大型温室

②东西向横垄栽培。起垄时垄的走向为东西向，垄形为北高南低（图4-123），垄面呈30°坡状（图4-124），采用模具起垄（图4-125）。东西向横垄栽培可以使草莓苗受光充分均匀，提高坐果率，同时使果实提早成熟，产量和品质提高，同时还可以使草莓的摘叶、疏花疏果和采收等生产管理环节更加方便，适合北方的日光温室大棚生产。其种苗定植

图4-122　草莓定植苗

图4-123　横垄栽培

图4-124 垄面呈30°坡状

图4-125 采用模具起垄

方式参见本章草莓南北向纵垄栽培。

③高架基质栽培。草莓高架基质栽培具有品质好、产量高、易管理、节省人工等优势，也是休闲观光农业的一个重要组成部分，但是成本高、建造结构复杂，需专业人员完成。草莓高架基质栽培有多种模式，包括高架双行基质槽栽培（图4-126）、高架基质槽可移动立体栽培（图4-127、图4-128）、三层高架基质栽培（图4-129）、单层高架双

图4-126 高架双行基质槽栽培

图4-127 高架基质槽可移动立体栽培

图4-128 高架基质槽可移动立体栽培装置运行中

图4-129 三层高架基质栽培

行基质栽培（图4-130）、高架双行基质栽培套种（图4-131）、高架营养钵栽培（图4-132）、高架基质与墙体立体组合栽培（图4-133），还有丹东地区采用的高架覆银灰膜栽培（图4-134）等。采用草莓高架基质栽培，日常的摘叶、疏花疏果等操作均不需要弯腰，可提高劳动效率75%左右，每个棚室平均可减少劳动力20个左右。相对于地面种植，草莓高架基质栽培利用的是立体空间，单位产量要高于地面种植。此外，立体种植空间的通风和透光条件优于地面种植。草莓匍匐茎生长在高架平台上，结出的果实悬挂在平台四周，不会出现与地面摩擦而腐烂的现象。近些年，草莓连作障碍逐渐成为草莓种植最难解决的问题之一，高

图4-130　单层高架双行基质栽培

图4-131　高架双行基质栽培套种

图4-132　高架营养钵栽培

图4-133　高架基质与墙体立体组合栽培

图4-134　高架覆银灰膜栽培

架基质栽培则有效解决了这一问题。

8. 定植后至保温前的管理 促成栽培草莓，定植后至覆盖棚膜保温前的时期是地上部和地下部迅速生长的时期，此时应促进叶面积大量增加和根系迅速扩大，以在保温前使植株生长良好（图4-135），获得早熟高产。

定植后至保温前管理

图4-135 保温前植株生长良好

（1）温度管理 草莓栽植完以后，温室内白天的温度应该控制在26～28℃，夜间温度保持在15～18℃比较合适。

（2）光照管理 定植后，为防止太阳暴晒，使幼苗失水枯萎，可用遮阳网覆盖棚顶（图4-136），一般定植3～5天内遮阳，之后减少遮阳时间，仅中午遮阳，7天后完全去掉遮阳网（图4-137）。

图4-136 用遮阳网覆盖棚顶

图4-137 7天后去掉遮阳网

（3）水肥管理。草莓根系浅、不耐旱，定植后立刻采用人工点对点浇透每株苗，还可以利用滴灌和微喷组合同时浇水（图4-138），保证根部及时吸收水分。早、晚各浇灌一次，连续3天，中午不能浇水。定植4～5天后，每天早、晚再浇灌一次小水，灌水的目的除了在缓苗期要保持田间湿润外，还可以降低地温，促进新根发生。连续浇灌10天后，新叶开始生长时（图4-139），视天气情况5～7天浇一次水，保持土壤湿润，以垄侧壁和垄沟出现青苔色为宜（图4-140）。草莓定植后缓苗阶段不进行追肥，在草莓种苗有2片叶展开后进行追肥，利用水肥一体化设备（图4-141）滴灌施入氮、磷、钾比例为20-20-20的大量元素水溶

图4-138　滴灌和微喷组合同时浇水

图4-139　新叶开始生长时

图4-140　垄侧壁和垄沟出现青苔色

图4-141　水肥一体化设备

性肥（含微量元素）每亩1～1.5千克，浇水1～1.5米³。9月中下旬为促进花芽分化，追施磷、钾肥，可追施磷酸二氢钾每亩1千克，浇水1～1.5米³。滴灌施肥时先浇灌5分钟清水再施肥，施肥后再浇5分钟清水冲洗滴灌管，也可叶面喷施磷酸二氢钾和氨基酸肥。

图4-142　及时补苗

（4）补苗　草莓定植后要及时查苗补缺，并拔出死苗和无心苗，确保种苗齐全，及时补苗（图4-142）。缺苗短株会影响产量，降低棚室利用率，用来补缺的苗是和定植苗同时假植的预留苗，移栽前一天预留苗要浇足水，在第二天傍晚或选阴天补栽。栽后及时补足水，晴天补水需持续3天以上，促进成活。

（5）中耕除草 草莓缓苗后（图4-143），覆盖地膜前畦面很容易生长杂草，同时由于缓苗过程中经常浇水，易造成土壤板结、土壤透气性变差，不利于草莓正常生长，因此，在缓苗后覆膜前需要进行中耕，使用小耙将畦面及畦间的杂草除掉，同时将草莓植株周围的土耙松，一般以深度2 ~ 4厘米、不伤到种苗根系为宜。中耕松土的同时应注意修补草莓垄，保证草莓垄形的完整。有些地区为管理方便，在垄沟中铺撒碎秸秆（图4-144）可防潮、防湿滑。

图4-143 草莓缓苗后

图4-144 铺撒碎秸秆

（6）摘除老叶和匍匐茎 及时去除匍匐茎、老叶以及病叶（图4-145），放入塑料桶或编织袋中暂存（图4-146），不可随意丢弃。对于病叶应当收集至一处（图4-147）带到棚外及时销毁，防止病害传播。根据整体生长状况保留适量功能叶，营养生长阶段5 ~ 6片叶，开花结果期6 ~ 15片叶，随着果实数量的增多，功能叶片数也要适当增加，摘除过多功能叶会对草莓的产量和品质造成影响。

图4-145 去除匍匐茎、老叶以及病叶（中间垄）与未经处理的垄块对照（两边垄）

图4-146 匍匐茎、老叶、病叶放入编织袋中暂存

图4-147　收集病残叶至筐内

注意摘除老叶时应该在叶片离层形成后。叶片平展于畦上且叶鞘变红的一般为老叶。

（7）去除侧芽　过多的侧芽会使叶片数量迅速增多，植株整体通风透光性变差，植株细弱，易导致草莓白粉病、草莓灰霉病、蚜虫等病虫害发生，影响草莓生长。适当留取侧芽，能够增加草莓花序（图4-148）抽生量，从而可使草莓开花数量增多（图4-149、图4-150）、果实膨大健康（图4-151），提高草莓产量。植株顶花序抽生前应去除所有的侧芽，抽生后，可根据植株间距及草莓长势，每个植株留下1 ～ 2个粗壮且方向较好的侧芽，其余的均摘除。

图4-148　草莓花序

图4-149　草莓的花

图4-150　草莓花大量开放

图4-151　果实膨大健康

（8）*病虫害防治*　定植初期重点防治草莓根腐病，定植缓苗后应喷施生物药剂或高效低毒化学药剂进行预防，每隔7天喷1次，连喷2～3次。及时挖除病株（图4-152）并补苗，注意防治草莓白粉病、地下害虫、叶螨、菜青虫和蚜虫等病虫害，注意摘叶、淋雨、雨淹后及时喷药，避免病害大面积发生（图4-153），给生产造成重大损失。草莓病虫害防控首先应采取绿色防控措施，如田间设置黄色、绿色粘虫板（图4-154）。

图4-152　病株被挖除

图4-153　病害大面积发生

图4-154　田间设置黄色、蓝色粘虫板

9. 覆盖棚膜保温

（1）*覆盖棚膜的时间*　适期保温是草莓促成栽培的关键技术，保温过早，花芽发育不充分，导致产量下降，保温过晚，一旦植株进入休眠状态则很难打破，会造成植株严重矮化，果个小、产量低。适宜的保温时期，应根据休眠开始期和花芽分化状况而定，应掌握在休眠之前花芽分化之后覆盖棚膜保温。靠近顶花芽的第一个花芽一般是在顶花芽分化后30天进行分化，此时覆盖棚膜保温比较合适。通常在外界最低气温降到8～10℃的时候覆盖棚膜（图4-155），一般北方地区在

扣棚膜的时机和操作方法

图4-155　覆盖棚膜

10月中下旬前后覆盖棚膜，南方则为10月中下旬至11月初。

（2）*棚膜的选择* 棚膜质量的优劣，直接影响温室的采光性能、保温性能和生产性能，因此正确选择和使用性能优良、质量可靠的塑料薄膜，对温室生产至关重要。选择使用聚乙烯膜（PE）、聚氯乙烯膜（PVC）、乙烯-醋酸乙烯复合膜（EVA）以及聚烯烃膜（PO）均可，但应具备透光率高而稳定（图4-156）、保温性好、无滴性能优良、经久耐用、防尘性良好、加工工艺先进、操作性能良好、强度高、延展性好等特点。

图4-156 透光率高而稳定的棚模

（3）*覆盖棚膜方法* 标准温室棚膜常见的覆盖方式有两种：一种方式是分两块膜覆盖，只在腰部留一个风口，两张棚膜的规格分别为2.5米×52米、6.5米×52米；另一种方式是用三张棚膜覆盖，留上风口和腰风口两个风口，三张棚膜的规格分别为2.0米×52米、2.5米×52米、6.0米×52米，风口覆盖防虫网，同时加盖保温棉被。覆盖棚膜前先在风口处安装防虫网，防虫网以25～30目为宜。防虫网安装好后，选择无风的晴天覆盖棚模，先覆盖最下面的1张棚膜，固定好后再覆盖上面的一张或2张棚薄膜。覆盖前，应事先将棚膜裁成适宜的长度（图4-157），用专用压膜机烫压膜边（图4-158），用于穿引压膜绳。如果幅宽不够可用胶水或热合法粘接，覆盖前先在后屋面上固定压膜线（图4-159），并清理好温室前沿地面上用于固定压膜线的另一端的地锚。覆盖棚膜的顺序是由下而上，先铺好最下面1张棚膜，然后多人合作（图4-160），从温室的一端将另外2张棚膜分别运至后屋面和顶部，注意不要扭曲，之后再向下平铺，固定棚膜。将每张棚膜的一端用弹簧卡固定在压膜槽内，之后向温室另一端拉棚膜，使之绷紧（图4-161）。此时应注意棚膜必须绷紧拉平，若松弛则不利于防雨雪，容易积水压破棚膜，给生产造成损失，之后用同样的方法固定在温室另一端的侧墙上，然后从温室上甩下压膜绳，将之拉紧并拴在地锚上将棚膜压住（图4-162）。覆盖棚膜初期温室内气温较高，不利于草莓花芽分化，应尽量开大顶风口和腰风口，遇高温天气也可使用遮阳网降温。为防止草

图4-157　将薄膜裁成适宜的长度

图4-158　用专用压膜机烫压膜边

图4-159　后屋面上固定压膜线

图4-160　多人合作覆膜

图4-161　拉棚膜使之绷紧

图4-162　压膜绳拴在地锚上

莓突遇高温而失水，覆盖棚膜前应少量浇水，覆盖棚膜后要及时补水，之后尽快安装保温被（图4-163）或草毡。棚膜覆盖完成（图4-164）后立即在棚内进行病虫害消杀并施药一次，闭紧棚室安全门以及在门口铺设石灰消毒脚垫，安全门需加装防虫网，此时草莓生产即进入绿色防

图4-163　安装保温被

图4-164　棚膜覆盖完成

控、严格管理的生产阶段，严禁无关人员在不做任何防护的情况下随意出入。

10. 铺设地膜　铺设地膜可减少土壤水分蒸发，降低温室空气湿度，减少病虫害，提高土壤温度，促进草莓根系生长，使植株生长健壮，果实提早上市，避免花序和果实与土壤直接接触，防止土壤污染果实，提高果实品质。

地膜的铺设

（1）选择地膜　一般使用的地膜是高压低密度的黑色聚乙烯薄膜，厚度一般为0.01 ～ 0.015毫米，宽度为1.4米，长度与垄长相对应。目前生产中普遍使用黑色地膜，黑色地膜不但可以增温保湿，还可以显著减少杂草的生长。

（2）铺设地膜的时间　温室覆盖塑料棚膜10天左右，白天外部温度低于10℃，温室内夜温低于5℃，应及时铺设地膜。地膜铺设过晚草莓植株叶片较伸展，提苗时易折断叶柄，造成人为损伤，影响植株生长发育。

（3）铺设地膜前的准备　铺设地膜前，先进行一次中耕松土，去除垄面和垄沟内的杂草，同时平整垄面，捋直滴灌管，以利于均匀滴水，之后使用高效氯氰菊酯、嘧菌酯、阿维菌素等广谱性药剂对棚室进行一次彻底消毒，包括草莓苗、畦面、畦沟、温室后墙、后屋面、东西山墙、过道等均需要消毒。准备好铺设地膜的工具，也可以采用自制简易覆膜器械（图4-165）。

（4）铺设地膜的方法　棚室消毒后铺设地膜。早晨植株较脆，铺设地膜过程中容易伤苗，因此选择无风的下午多人合作（图4-166）完成。铺

图4-165 简易覆膜器械

图4-166 多人合作铺设地膜

设时应顺着草莓栽培方向铺开，将地膜覆盖在草莓植株上（图4-167），之后立即破膜提苗（图4-168）。地膜两边无需埋入土中，可自然铺在垄沟里。铺设地膜暂停后应立即进行浇水，铺设过程中应当注意地膜应紧贴畦面，并能把畦面及畦沟完全覆盖（图4-169），覆盖不完全

图4-167 草莓植株上盖膜

图4-168 破膜提苗

图4-169 地膜完全覆盖

（图4-170）则不利于保温和防杂草，地膜的长度应比畦的长度略长，两头多余的部分应当埋入土中，铺严压实。

11. 覆盖棚膜后的管理

棚内温湿度的管理

（1）温度管理　覆盖棚膜后不要急于闭棚保温，要根据温湿度要求和气象服务信息提示随时开关风口、加盖或撤掉保温棉被，做到及时通风降湿、调节温度。为更好地做好温湿度管理工作，有条件的温室内应加装温室增温装置（图4-171）、温湿度监测装置（图4-172）等。当夜间温

图4-170　覆盖不完全

图4-171　增温装置（灯泡）

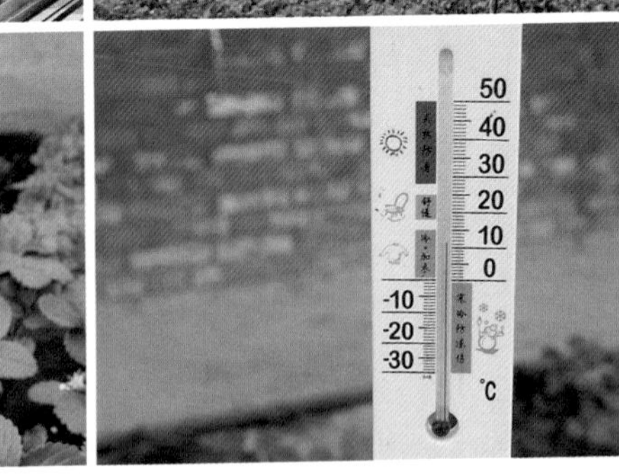

图4-172　温湿度监测装置

度降至4 ~ 6℃时要及时盖膜或放下草帘保温（图4-173），并封严通风窗口（图4-174）。根据草莓的生育特点，覆盖棚膜保温后的温度管理应掌握前期高后期低的原则，具体温度管理指标如下：

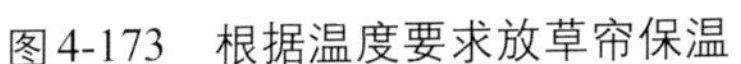

图4-173 根据温度要求放草帘保温

图4-174 封严通风窗口

①保温初期至现蕾前。为防止植株进入休眠，棚内温度白天保持在28 ~ 30℃，最高不超过35℃，夜间则保持在12 ~ 15℃，最低不得低于8℃，这样的温度条件可保证草莓植株快速生长，提早开花。

②现蕾期。棚内温度白天需保持在25 ~ 28℃，超过30℃时要及时通风降温，夜间保持在10℃，不可超过13℃。

③开花期。棚内温度白天需保持在23 ~ 25℃，夜间保持在8 ~ 10℃，开发期若经历0℃以下的低温，会出现雄蕊花药变黑、雌蕊柱头变色现象，严重影响授粉受精和草莓前期产量。

④果实膨大期。棚内温度白天需保持在20 ~ 25℃，夜间以6 ~ 8℃为宜，此期如温度过高，果实膨大会受到影响，造成果实着色快、成熟早，果个小，品质差。

⑤采收期。棚内温度白天需保持在20 ~ 23℃，夜间保持在5 ~ 7℃，冬季遇连阴天，应采取增温措施，做好严冬季节的防寒保温工作，防止中途植株进入休眠状态。温室内的温度主要通过揭盖保温被，设置防寒沟、把好出入口和适时放风来调控，必要时可启用热风炉等增温。

（2）*湿度管理* 湿度管理在草莓日光温室促成栽培生产中也十分重要。覆盖棚膜后，日光温室内的湿度一般较室外的湿度大，通常湿度在一天中的凌晨达到最大值；随着太阳升起，湿度逐渐降低，中午到下午2时是一天中湿度最低的时候；傍晚太阳落下后，湿度又逐渐升高，空气湿度在40% ~ 50%时，草莓花药的开裂率最高，花粉萌发率也最高，若空气湿度达80%以上，则花药的开裂率降低，花粉无法正常散开，而且萌发率低，因此在草莓开花时期，日光温室内湿度应控制在40% ~ 50%。整个生长期需时刻控制日光温室内的空气湿度，如果湿度过大（图4-175），易发生病害，影响草莓的正常生长发育。除了通过铺设地膜及膜下灌溉（图4-176）来降低温室内湿度外，还要重视换气，晴天中午前后一定要放风，时间长短以需要而定，即使在寒冷的冬季，也要在近中午时用拉绳（图4-177）拉开上风口放顶风换气（图4-178），保持空气相对湿度在80%以下。在冰雪天，中午可短时放风以排湿。有条件的温室应加装温湿度监测系统（图4-179）及温湿度调节设备［如大棚温控自动放风机（图4-180）、排风换气装置（图4-181）］。

图4-175　湿度过大

图4-176　膜下灌溉

图4-177　开关风口的拉绳

图4-178　放顶风换气

图4-179　温湿度监测系统

图4-180　大棚温控自动放风机

图4-181　排风换气装置放置位置

（3）辅助授粉　草莓属于自花授粉植物，但通过异花授粉可大大提高坐果率，减少畸形果比例，提高产量和品质。草莓生产上一般需要辅助授粉，目前生产上主要推广使用的是蜜蜂辅助授粉技术。

18 辅助授粉

①蜜蜂辅助授粉。草莓利用蜜蜂授粉（图4-182），不仅可以增加产量，还可以改善果实和种子品质，提高后代的生活力，有利于改善生态环境和保障食品及生产安全，经济、生态效益显著。蜜蜂的活动温度是18 ～ 30℃，而日光温室中草莓花期温度在20 ～ 25℃，两

图4-182　蜜蜂授粉

者相近。一般每亩日光温室放2箱蜜蜂（图4-183），每箱蜜蜂3 000 ~ 5 000头，以保证每株草莓有1只以上的蜜蜂授粉。每年的11月初是草莓的初花期，此时投放蜜蜂进行授粉，坐果率高、畸形果少。蜂箱应在草莓开花前一周静置在温室中，使其安静下来和熟悉环境，不要急于打开出蜂口，此时的蜜蜂对于新环境、新温度完全不适应，若贸然打开出蜂口，蜜蜂则会惊恐乱飞，到处乱撞，有的会钻入棚膜的孔隙间，死亡率会大大增加（图4-184）。待蜜蜂适应一周后打开蜂箱出蜂口，开始授粉活动。温室内悬挂黄色粘虫板可能会误伤蜜蜂（图4-185），应在黄色粘虫板外加蜜蜂保护罩（图4-186），对蚜虫、蝇类等可高效诱杀，而蜜蜂被挡在保护罩外受到保护，否则蜜蜂损失过大会严重影响草莓花期授粉。

图4-183　蜂箱放置位置

图4-184　蜜蜂死亡

图4-185　黄色粘虫板会误伤蜜蜂

图4-186　蜜蜂保护罩

蜂箱要放在棚室靠东边偏中间的适当位置（图4-187），巢门向西（图4-188），离地面30 ～ 50厘米高（图4-189），不要紧靠地面，防止蜂箱受潮，蜂箱可以放在架子上（图4-190），也可以吊放（图4-191），蜂箱箱盖的下面要覆盖草帘，用毛毡进行保温（图4-192），也可在蜂箱外

图4-187　蜜蜂箱摆在温室中间的位置

图4-188　巢门向西（东西向栽培）

图4-189　离地面30 ～ 50厘米高

图4-190　蜂箱摆放在架子上

图4-191　蜂箱吊放

图4-192　蜂箱用毛毡保温

面覆盖棉被（图4-193）保温。在温度低草莓花量少时，为了维持蜜蜂的正常生活，应给蜜蜂饲喂浓度50%左右的白砂糖水（图4-194）。另外，花粉是蜜蜂蛋白质、维生素和矿物质的主要来源，温室内，草莓的花粉一般不能满足蜜蜂的需求，要及时补充饲喂花粉（图4-195），必要时，白糖水、花粉同时放在蜂箱上面（图4-196），否则蜜蜂孵化将受到影响，个体数量得不到补充，授粉中后期蜂群群势衰退，影响授粉效果。蜜蜂不能生活在湿度太大的环境中，因此，白天要注意通风排湿，通风时要在风口处罩纱网，防止蜜蜂逃逸。在日光温室中进行药剂防治时，注意将蜂箱暂时搬到棚外，避免农药对蜜蜂产生伤害。

图4-193　蜂箱覆盖棉被保温

图4-194　白砂糖水

图4-195　饲喂花粉

图4-196　白糖水、花粉同时放在蜜蜂箱上面

②人工辅助授粉。人工辅助授粉费工费时，劳动量大，没有蜜蜂或蜜蜂不出来时才需要人工辅助授粉。人工授粉是在每天上午10时以后，用细软的毛笔在开放的草莓花朵中心涂抹几下，使花粉均匀涂抹到

雌蕊上，也有人用鸡毛掸子顺行在各花序上轻轻拂掸。授粉后就能形成种子，种子在发育过程中会合成植物激素类物质，引导养分向其供应，使果实成熟，并减少畸形果（图4-197）和僵果（图4-198）产生，必要时，可尝试使用熊蜂授粉（图4-199）。进入4月，温度升高时可掀起棚膜通风（图4-200），自然授粉条件形成后，可以撤掉蜂箱。

图4-197　草莓畸形果

图4-198　草莓僵果

图4-200　掀起棚膜通风

图4-199　熊蜂产品

疏花疏果

(4) 疏花疏果　疏花疏果有利于减少植株养分的消耗，集中营养，使果实成熟期集中，减少采收次数，提高果实品质，防止植株早衰。疏花疏果较不疏花疏果产量提高20% ~ 30%。

①疏花。疏花时每株草莓应留6 ~ 7朵花，多余花朵不要急于摘除，待花朵萎蔫时再摘除，这样能充分利用花粉进行自然授粉。花序上高级次花坐果率低，结的果实个小，常有明显的开花不结果的现象，疏除高级次的无效花蕾可显著降低草莓畸形果率，且有利于集中养分，保证留下的花朵坐果整齐，提高单果果重和果实品质，使果大、品质优且成熟集中，还可以节省采收用工。

②疏果。疏果是疏花蕾的补充，可使果形更加整齐，提高果实商品率。北方地区一般在11月中旬开始坐果，12月初个别果实开始膨大转色变红，疏果一般在幼果处于小拇指大小时进行，疏除畸形果、病虫果和小果，每个花序上留果3 ~ 6个为宜，疏花疏果应当以少量多次为原则，分几次逐步疏除，同时保证尽早疏除，以免浪费营养。

③整理花序。果实成熟期，花序会因果实太重而伏地，容易引起草莓灰霉病和其他病害发生，造成烂果，因此，生产上可在垄两端分别立一小棒，在棒上系绳子将花序扶起，从而增加花序的通风透光，减少病果、烂果。此外，结果后的花序要及时摘除，以促进新花序的抽生。

(5) 增温补光　在草莓生长过程中，若遇连续极端天气或雾霾天气，光照不足，植株出现生长缓慢，果型小，类似营养不足的现象，应及时覆盖保温被，安装并打开补光装置（图4-201、图4-202）。有些种植园区会在棚室的后承重墙上悬挂银灰色的反光膜或反光板（图4-203）进行补光。天气晴朗时，应立即掀起保温被，利用太阳光补光（图4-204）。

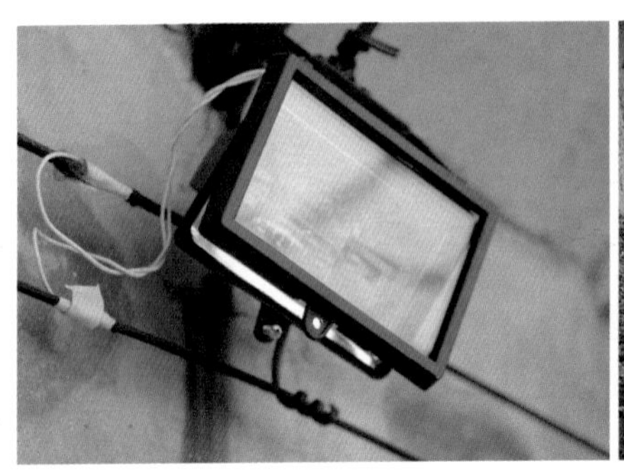

图4-201　不同的物理增温装置和补光装置

图4-202　草莓棚室内补光场景

图4-203　反光板

图4-204　太阳光补光

（6）*硫黄熏蒸*　草莓在密闭的温室栽培，由于温室内空气流通不畅，温度、湿度不易控制，冬季草莓白粉病的发生较严重，利用硫黄熏蒸可有效抑制草莓白粉病的发生蔓延，且可保证产品安全、环保。通常温室内每10 ～ 15米悬挂一台硫黄熏蒸器，高度距草莓植株上方80厘米左右。硫黄熏蒸器（图4-205）主要是通过电加热使其中的硫黄粉溶解挥发（图4-206、图4-207），随着空气的流动充满整个棚室。加热温度在190 ～ 235℃之间最为安全。硫黄熏蒸应在夜间进行，将棚室密闭，开启硫黄熏蒸器，第二天早上及时关闭电源。空气中飘浮的硫黄粉小颗粒被草莓白粉病病原孢子吸附，使其失去活力，不能继续扩散，抑制其产生新的孢子，使草莓白粉病得到有效控制。硫黄熏蒸器使用后应及时清理（图4-208），否则易造成硫黄熏蒸残留物掉落在草莓叶片上（图4-209），影响草莓生产。

图4-205　硫黄熏蒸器

图4-206　硫黄粉

图4-207　硫黄粉溶解后的残留物

图4-208　熏蒸器及挡板上的残留物

图4-209　残留物掉落在草莓上

12.采收后套作其他作物　草莓采收后，可利用有利的气候和条件套作一些茬口合适的作物，如西瓜（图4-210）、玉米（图4-211）、葡萄（图4-212）、青蒜（图4-213）等，也可以同时套作两种作物（图4-214）。5月草莓生产期结束拉秧时，套作作物的茬口刚好成熟，可实现一棚两茬种植，经济效益显著增加。

图4-210　套作西瓜

图4-211　套作玉米

图4-212　套作葡萄

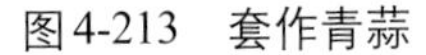
图4-213　套作青蒜

图4-214　同时套作西瓜和玉米

五、连栋温室栽培管理

按照目前的标准要求，有机草莓的生产还很困难，由于自然环境差异很大，露地栽培、小拱棚栽培、塑料大棚栽培、日光温室栽培都无法满足有机草莓生产条件。连栋温室在基础设施建设和标准投入上有着很强的优势，基本可以满足有机草莓栽培。连栋温室草莓栽培以吊架形式为主，大多采用基质栽培，可有效避免土传病害的发生，而且果实不与土壤接触，可保证果实干净、着色好、作业便捷，减轻劳动强度，具有良好的市场前景。连栋温室栽培现阶段主要用于规模较大的科技种植展示基地（图4-215）、科研单位、专业院所等，其目的主要是为了科研教学、科技展示、试验示范等，成本高，结构复杂。连栋温室占地面积大，温室墙体和棚顶均需采用透明材料建造，空间大，牢固耐用，使用年限长。温室内部可以使用大型机械设备，同时加装风机、水帘风机、增温装置、补光灯、雾化加湿（图4-216）和外遮阳等必要设备。

1. 栽培方式　连栋温室常见的栽培方式有高架栽培、立体栽培、营养钵栽培等，如高架双行单层栽培（图4-217），高架单、双行组合三层立体栽培（图4-218）、高架双行四层立体栽培（图4-219），以及高架基质槽栽培（图4-220）等。连栋温室不受外界自然条件的限制，可常年实行草莓栽培。连栋温室栽培要求生产管理者应具备较强的专业能力。

图4-215　种植展示基地

图4-216　雾化加湿功能

图4-217　高架双行单层栽培

图4-218　高架单、双行组合三层立体栽培

图4-219　高架双行四层立体栽培

图4-220　高架基质槽栽培

2. 管理技术 连栋温室的形状和内部结构与日光温室、塑料大棚等草莓栽培场所有很大不同，连栋温室场地大、空间大、高度高、采光好、温湿度调节可实现自动化。但是，在草莓定植后的管理上与日光温室非常相似，尤其是在高架或吊架基质栽培方面，各个环节的管理模式基本相同。

六、盆栽草莓栽培管理

居住在城市里的市民接触农业生产的机会少，对农事操作和管理有着非常浓厚的兴趣，在家里的阳台种植草莓既具观赏性，又能增加生活的乐趣。盆栽草莓既可观赏又可食用，方便摆放，不占空间。草莓叶色浓绿，果实精美，口感香甜，味美多汁、营养丰富，其维生素等营养成分含量很高，且草莓属多年生草本植物，可连续多年种植。阳台草莓盆栽种植简单易学，便于操作。

1. 选择种苗 草莓育苗技术含量高，家庭无法做到自行繁育草莓苗，可以选择到育苗基地或向种植户直接购买草莓苗，或通过电商平台购买草莓苗。在购买草莓苗时，要注意每个品种至少要买2株及以上，增加产粉量，方便相互之间授粉，提高结果率。目前，草莓的品种很多，绝大多数品种都适合家庭栽培，选择适合的品种首先要根据个人的喜好而定，其次应选择草莓植株长势旺盛、叶片直立，花形好、开花期长，果型美观、个大、色泽红艳，自花结实能力强，无需人工授粉也能结果的品种。由于大多数市民并不具备盆栽草莓的管理经验和专业技能，所以在选择品种上还应该注意选择抗病性强、适应性强的品种，如欧美品种甜查理（图4-221）、卡姆罗莎（图4-222）等，还可以选择四季都会开花结果的品种，如蜜宝、欧洲四季红等。

2. 选择花盆 要根据养护者自己的爱好和需要选择花盆，花盆的款式很多，如陶瓷花盆、瓦盆、塑料盆等（图4-223），也可以选择废弃的泡沫箱（图4-224）、木箱等作为容器。但草莓根系较发达，因此草莓栽培容器底部必须有排水孔。通常选择深度在20 ~ 30厘米的陶瓷盆种植更易成活，不建议选用透气性能不好的塑料花盆定植草莓。花盆口径的大小需根据每盆定植的株数而定。

图4-221　甜查理

图4-222　卡姆罗莎

图4-223　不同样式的花盆

图4-224　废弃的泡沫箱

3. 选择栽培基质

（1）基质土　基质土是由经过发酵或碳化等过程处理的农业和林业废料，再加入泥炭、蛭石等形成（图4-225）。

（2）购买专用配方土　购买市场上配制好的草莓栽培专用营养土栽培草莓，更加方便。

（3）自制栽培土　栽培土可自行选用肥沃的田园土或者在树林间挖取腐叶土，再加入2%～3%的过磷酸钙混合制成栽培土。装入花盆前，先在花盆最底层放置一些细小石子，也可以放置一些碎骨或蛋壳等易透水、透气的填充物，然后将自制的栽培土和腐熟好的羊

图4-225　基质土

粪等有机肥充分搅拌后装盆。

4.移栽定植 家庭盆栽草莓最佳的定植时间是每年的9月下旬至10月中旬，因为这一时期的气候条件好，空气凉爽，温度适宜，草莓能很快缓苗，成活率比较高，翌年春季就可以开花结果。先将基质土用水浇透拌匀，然后取少量铺在花盆底部，使中央略低，形成凹陷。要选择粗壮、没有伤根的种苗，去除发黄的叶片、老残叶（图4-226）、病叶（图4-227）。草莓苗应带土坨定植（图4-228），草莓苗的弓背（图4-229）朝向外侧靠近盆边的方向，保持植株直立，然后填入基质土，压实，并轻提一下种苗，让茎尖处露出土面，最后轻按土质表面，二次压实。定植苗应

图4-226　草莓老残叶

图4-227　草莓病叶

图4-228　草莓苗带土坨定植

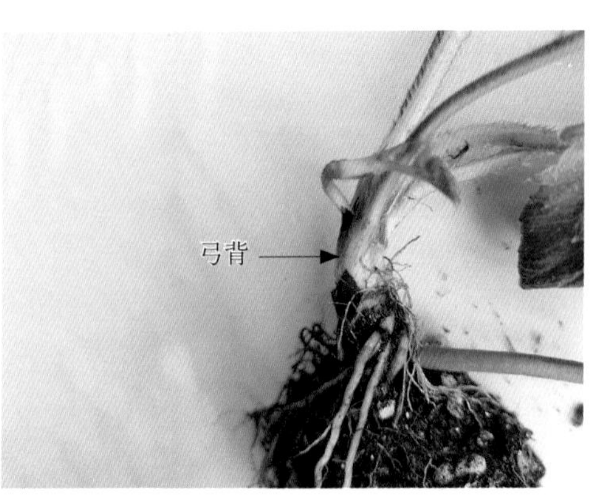

图4-229　草莓苗的弓背

距离盆边5～7厘米（图4-230）。定植时要使苗心部位平行或略高出土壤表层，如果定植深了，苗心会被土壤掩埋而不透气，容易导致烂苗；如果定植浅了，则新芽就会外露，一旦有阳光暴晒，就容易干枯。因此，草莓定植以深不埋心、浅不露根（图4-231）为原则。填土至距离盆沿2～3厘米，方便浇水。种苗栽好后要浇透水，若是出现露根、淤心现象，要及时调整，然后先放置在阴凉处缓苗3～5天，避免阳光直射。小花盆里可以种植1～2株苗（图4-232），大花盆里可多种植几株（图4-233），苗之间要保持一定距离。不同成熟期的品种也可以栽植在同一花盆里，也可多盆

图4-230　定植苗距离盆边5～7厘米

图4-231　深不埋心、浅不露根

图4-232　盆栽草莓单株定植

图4-233　盆栽草莓多株定植

植株放在一起管理（图4-234），有利于植株间授粉，延长观赏期和食用期。缓苗后将盆栽搬运至光线充足且通风好的位置（图4-235）稳根，初期阶段要小水勤浇，保持盆内土壤湿润，促使植株健壮生长。

图4-234　多盆植株放在一起管理

图4-235　缓苗后置于通风好的位置

5. 种植管理

（1）水肥管理

①水分管理。盆栽草莓浇水以见干见湿为原则，草莓叶片蒸腾作用强，生长期间要保持有充足的水分。盆栽草莓内装基质总量较少，保肥能力也相对较弱。栽培土表层干燥时要及时浇水，但不能过多以免形成积水（图4-236），否则会出现烂根现象，导致植株死亡。春季约5天左右浇水 1 次。夏季气温高，光照强，天气炎热可在中午时将窗帘拉上一部分进行遮阳，防止暴晒，每天至少浇1次透水，以早、晚浇水为宜。秋季每3天左右浇水1次，水量不宜过大，做到不漏浇即可。冬季气温低，夜间注意将草莓移至室内温暖处，以防发生冻害，同时适当减少浇水次数，约7天浇水1次。不能直接用自来水浇灌，浇水前，要先将自来水放置2天左右（图4-237）时间，待与室温一致且氯气挥发后再使用。浇水方式可以选择直接浇灌（图4-238）和浸盆法浇灌（图4-239），还可以采用将淘米水放置 1 ～ 2天后进行浇灌。

草莓开花坐果期浇水时要特别注意，浇水时从盆沿边上缓慢倒入，尽量不要打湿花朵和果实，以防出现授粉不良或烂果现象，保持叶面清洁美观。

图4-236　浇水过多形成积水

图4-237　先将自来水放置2天左右

图4-238　直接浇灌

图4-239　浸盆法浇灌

②施肥管理。草莓对养分的需求量很大，四季草莓因在一年内能多次开花结果，养分消耗非常大，因此在其生长过程中要给予充足的养分。盆栽草莓和大棚草莓的管理方式有很大不同，盆栽草莓日常养护过程中最容易忽略的就是施肥。盆栽草莓定植移栽两周后开始进行追肥管理。在草莓开花前，植株主要是营养生长，此时施肥应以氮、磷肥为主。开花期和结果期是草莓产量的形成时期，此时施肥应以磷、钾肥为主，兼施适量的氮肥。草莓开花结果的时期需要营养较多，每半个月左右还可以施加1次自制肥水，注意施肥前先疏松盆土，施肥时注意浓度要小，并配合浇水，做到量少勤施，以防烧根。浇水追肥时应注意不要施在叶面及果实上。

自制肥水：方法一，把不食用的豆浆渣装入塑料袋中发酵，加入适量水，用来浇灌草莓。方法二，把吃剩的鱼骨、羊蹄、鸡、鱼的内脏加水腐熟发酵制成液态肥水，每次浇灌少许，避免烧苗。方法三，把废弃的骨头、蛋壳、鸡毛、羊粪等掺入使用过的培养土中，加水装入塑料袋放在角落进行发酵，制作成肥水浇灌。方法四，将水果皮、水果核放入容器中，加入清水后密封，在阳光处进行充分发酵后用于草莓施肥水。

施肥时将肥料溶解在水中稀释后再使用，避免伤根。

配制营养液：草莓的营养液可采用园试配方或山崎配方，但要根据不同草莓品种的不同生育阶段进行浓度的调整，一般情况下，前期浓度小，后期浓度大。丰香、女峰、宝交、卡马露莎等品种前期的营养液浓度为0.4微西门子/厘米，7天后至低温期营养液浓度为0.8 ~ 1.0微西门子/厘米，开花期为1.2微西门子/厘米，结果期为1.6 ~ 1.8微西门子/厘米，pH设定在5.5 ~ 6.5范围内进行管理。根际温度一般设定为18 ~ 22℃为宜。

（2）温湿度及光照管理　在适宜的水肥管理下，草莓在一年内可以开花3 ~ 4次，花期很长。充足的光照是草莓多开花、多结果、健康生长的必备条件。家庭盆栽草莓必须摆放在向阳处（图4-240），早晚要开窗通风换气，盆栽土保持见干见湿为宜。草莓生长的最佳温度一般为20 ~ 25℃，冬季室温也不得低于15℃。夏季温度高于30℃时，需要遮阳（图4-241）或者移至散光处，不能放在阳光下暴晒。

图4-240　朝阳且通风的位置

图4-241　遮　阳

(3) 植株管理

①摘除植株无效及多余的部分。草莓生长过程中要及时摘除枯黄叶、老残叶、病叶、多余的叶子、侧芽和匍匐茎，节约养分，保持通风透光，减少病害的发生及传播，促进果实生长，提高果实品质。

②中耕松土。利用专用小型工具（图4-242）定期中耕松土，保持土壤的透气性。

③疏花疏果。盆栽草莓花有白花（图4-243）和粉花（图4-244）两种颜色。在开花前，将高级次花蕾和生长较弱的小花摘除，即去除无效花蕾。保留1～3级小花，每个花序预留4～5个果即可。果实结出以后，要及时摘除畸形果、病虫果和小果，以免消耗营养，影响其他果实生长。半面红半面青白的果实，可将其翻转角度促使其均匀着色成熟。

④垫果。草莓坐果后，随着果实一天一天地增大，较长的果序沿花盆边缘垂下很容易触及地面。为了防止果面被污染，出现伤果、烂果，

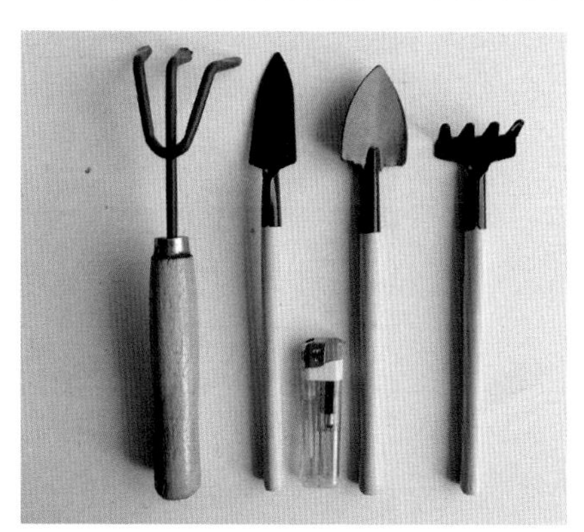

图4-242 盆栽草莓专用工具

图4-243 盆栽草莓花白色

图4-244 盆栽草莓花粉色

挂果后，要及时将草莓果实牵引到花盆外，在果实下面铺垫干净的塑料薄膜、纸板等，也可以使用铁丝、竹签、硬塑料等材料自己制作小型果架，放入花盆内将果穗架起。

⑤自繁苗。盆栽草莓植株生长到一定的时期后，就会长出很多匍匐茎，若想再种植一盆草莓，可利用这些匍匐茎繁殖新苗。将匍匐茎剪下来种在新盆中，把尖端部位放在盆土上轻压一下，3天左右浇1次水，防止干枯。匍匐茎根系非常发达，长势快，15天左右就会长出新根，形成新的小苗。

图4-245 花盆悬吊模式

⑥观赏性栽培。盆栽草莓营养充足时，匍匐茎就会生长很快，盆栽草莓若以观赏为主，则可以根据自己的喜好，把匍匐茎制作成各式各样的艺术造型，还可以将花盆悬吊（图4-245）或者放在小型花架上观赏，花架上可放2盆（图4-246）或3盆（图4-247）组合栽培。大型

图4-246 花架放2盆

图4-247 花架放3盆

温室盆栽草莓的造型较为丰富，可进行工艺造型展示（图4-248），供游客欣赏或采摘观光。有些温室盆栽草莓为商品型盆栽（图4-249），待草莓开花或刚刚结果时上市销售，有些则与土壤栽培相结合（图4-250），用于草莓盆栽管理技术研究。

（4）*人工辅助授粉*　家庭盆栽草莓数量有限，花粉产量少，又没有蜜蜂帮助授粉。为提高盆栽草莓的坐果率和品质，减少畸形果，需要进行人工辅助授粉。每天上午的10～11时花粉的活性最强，最易授粉成功。此时用毛笔、棉签或者柔软的刷子轻轻地扫一下外围的雄蕊蘸取花粉，然后轻轻涂抹在中间凸起的雌蕊上，来回重复几次，强化授粉效果。

图4-248　工艺造型展示盆栽草莓

图4-249　商品型盆栽草莓

图4-250　草莓盆栽与土栽相结合

人工授粉时但动作一定要轻，不能伤及花蕊，以保证授粉效果。

（5）*病虫害防治*　家庭盆栽草莓的生长环境比较密闭和安全，病虫害也很少发生，平时要多注意通风透光，及时摘除枯叶、老叶和病虫叶，定期清理盆内的杂草和松土透气，保持清洁卫生。发现病虫害，应采用无公害的防治技术，以农业防治、生物防治为主，尽量不用农药或者少用农药，病虫害发生严重时，需及时喷洒药剂进行防治，或将病株拔除，以免病害继续蔓延到其他正常植株。草莓结果以后不能再使用农药，以免农药残留在果实上。

6. 换盆移栽　盆栽草莓结果2年后要进行换土、换盆移栽。更换时，将花盆中植株及基质一起倒出，去掉木质化的根状茎，然后用新的自制基质土栽培。换盆要在草莓结果期结束以后进行，花盆的大小、材质、基质土同换盆前的一致即可。草莓在生长过程中，新茎会在第二年成为根状茎，而根状茎上又会长出新茎，新茎又产生新根系，所以草莓的新茎和根每年都会上移，这时要根据植株的生长情况进行培土，以使植株能够健壮生长。草莓如果水肥管理得当可以连续多年结果，但连续种植 3 年以上，果实产量会明显下降，此时最好栽植新的植株。

第 5 章 草莓采收与采后处理

一、采收期

采收期

1. 成熟度的确定　随着草莓果实的生长和发育，果实发生着一系列生理和生化变化，根据这些变化可以判断草莓是否成熟，从而可以确定草莓是否可以采收。首先，草莓果实随着生长开始由绿逐渐变白，最后成为红色或深红色，并具有光泽。果实受光面最先着色，随后背光面才着色。有的品种是果实顶部先着色，随后果梗部才着色，有的品种直至完全成熟果梗部仍为白色。在果实着色的同时，种子也由绿逐渐变为黄色或红色，果实肉质由硬变软，并散发出诱人的草莓香气，此时表明果实已完全成熟。果实内部的化学成分也随着果实的发育、成熟逐渐发生变化。果实在绿色和白色时没有花青素，果实开始着色后，花青素急剧增加；随着果实的成熟，含糖量也随之增加，而含酸量减少。草莓中维生素C的含量较高，每100克约含80毫克，但未成熟的果实中维生素C含量较少，随着果实的成熟度增加，维生素C含量增加，完全成熟时含量最高，而过熟的果实中维生素C的含量又会减少。

2. 采收期的确定

（1）根据品种特性确定采收期　欧美品种较日系品种一般偏硬，多属硬肉型品种，最好在果实接近全红时采收，才能达到该品种应有的品质和风味。

（2）根据温度环境确定采收期　温度决定草莓开花至成熟所需要的天数。温度高所需时间短，反之时间长。草莓在促成栽培条件下平均温度在20℃，需要30天成熟。12月上旬开花的，果实发育期较长，约需50天。5月开花的，成熟期只需要25天。果实的成熟度是采收的主要依据，但具体的采收期还要根据果实的耐储运性、销售方式和远销距离等情况而定，果实硬度高的可晚采，果实硬度低的可早采。

（3）根据果实用途确定采收期　以出售鲜果为目的，草莓的成熟度以九分为好，即以果面着色达90%左右；供加工果汁果酒饮料、果酱和果冻的要求果实成熟时采收，以提高果实的糖分和香味。供应罐头的草莓，要求果实大小一致，在八分熟时采收。远距离运输的果实，在七分熟时采收。就近销售的，可完熟时采收，但不能过熟。

二、采收方法

采收初期，每隔1 ～ 2天采收1次。盛果期，每天都要采收，每次采收时必须将成熟的果实全部采下。草莓采收，应尽可能在上午或傍晚气温低的时候进行。日晒的浆果、露水未干或下雨时采摘的浆果极易腐烂，所以一天中应在露水已干到中午炎热来临前或下午较凉爽时采收。气温低时采收，果实硬度高，不易碰破，果梗也脆而易断，果实温度也相对较低，有利于贮藏。气温升高后采收易引起腐烂和碰伤。

采收方法

采收方法，草莓浆果非常鲜嫩，采摘时必须轻摘轻放，见到有成熟度适宜的果实，应用手掌包住果实，尽量不要挤压果实，用大拇指和食指拿住果柄，在距离果实萼片1厘米左右处掐断，这样可使摘下的果实带有1厘米左右长度的果柄，方便食用，忌硬拉，以免损伤花萼，碰伤果实，同时将不符合质量要求的病虫果、畸形果、小果等单独放置和处理，不可混装。可采用分人定向采收的方法，前面的人采大果，后面的人采小果，减少倒手分装次数。采收草莓比较费工，国内尚无采收机械，完全靠人工一个一个采收，一般每亩采收需1个工，平均每个工采收果实30千克左右。盛果期采收时每亩一次需要2个工，平均每个工采果50千克左右。

采收时先剔除病、劣果，边采收边分级，并分开装盒，避免二次损伤。也可直接用塑料盒采收包装。选择个头大小一致的果实，在包装中摆放整齐。为减少果实堆压损伤，应选用合适的采收容器。采收容器不宜过大、过深，内壁要光滑、底平，可用小塑料盆、搪瓷盆、泡沫盘（图5-1）等。也可采用10厘米高、内有孔的筐采收草莓，注意不要翻动果实，以免碰伤果皮。

图5-1 采收容器

三、采后分级

草莓采收后应按不同品种及其大小，色泽和形状进行分级包装。根据《草莓》（NY/T 444—2001）对每个等级草莓果实的规定和允许误差规定，草莓应符合下列基本要求：完好；无腐烂和变质；洁净，无可见异物；外观新鲜；无严重机械损伤；无害虫和虫伤；具萼片，萼片和果梗新鲜、绿色；无异常外部水分；无异味；充分发育，成熟度满足运输和采后处理要求。

在符合基本要求的前提下，草莓规格分为大型果、中型果、小型果规格分为特级、一级和二级3个等级（表5-1、表5-2、图5-2）。

表5-1 草莓规格分类

规格	单果重（克）	同一包装中单果重差异（克）
大型果	＞25	≤5
中型果	20 ～ 25	≤4
小型果	15 ～ 20	≤3

表5-2 草莓不同等级的特征及品质容许度

等级	特征	品质容许度
特级	优质，具有本品种的特征，外观光亮，无泥土。除不影响产品整体外观、品质、保鲜及其在包装中可看到的非常轻微的表面缺陷外，不应有其他缺陷	可有不超过5%（以数量或重量计）的草莓不满足本级要求，但应满足一级要求，其中机械伤果不应超过2%
一级	品质良好，具有本品种的色泽和果形特征，无泥土。允许有不影响产品整体外观、品质、保鲜及其在包装中看到的轻微缺陷，包括不明显的果形缺陷（但无肿胀或畸形），轻微的表面压痕，并要求未着色面积不超过 果面的1/10	可有不超过10%（以数量或重量计）的草莓不满足本级要求，但应满足二级要求，其中机械损伤果不应超过2%
二级	包括不满足特级和一级要求，但满足基本要求的草莓。在保持品质、保鲜和摆放方面基本特征的前提下，允许果形存在不会蔓延的、干的轻微擦伤，轻微的泥土痕迹等缺陷，并要求未着色面积不超过果面的1/5	可有不超过10%（以数量或重量计）的草莓不满足本级要求，但腐烂、严重擦伤和严重虫伤果实除外，其中机械损伤果不应超过2%

注：所有等级均可有10%（以数量或重量计）的草莓不满足规格要求。

图5-2 草莓大型果与鸡蛋大小的对比

四、采后包装

包装和冷藏运输

草莓为节日型高档果品，果实易受损伤，做好包装是草莓生产的一个非常重要的环节。良好的包装可以保证产品的安全运输和贮藏，减少因产品间的摩擦、碰撞和挤压造成的机械损伤，同时减少病虫害的蔓延和水分蒸发，保护草莓的商品性。

可根据不同市场类型采用不同的包装形式（图5-3），从采收到销货，尽量做到不倒箱。一般先将草莓装入小包装盒中，如透明塑料小盒（图5-4）。包装盒规格175毫米×150毫米×80毫米，装果500克，规格180毫米×140毫米×60毫米，装果350～400克，盒上设计有几个通气孔。装盒应在阴凉处进行，注意避光。即使在冬季，太阳直射也会使盒内发热，不利于贮藏。轻拿轻放，将萼片统一朝下或朝向一边摆放整齐，以减少果实破损。在向外运输时，可以把装好的小盒草莓再装入纸

图5-3 不同的草莓包装

箱等较大的包装内（图5-5、图5-6），每个大包装所装的草莓量应不超过5千克。这样既能避免装运过程中草莓受到挤压、碰撞而损伤，保证草莓质量，也便于运输。也可以直接将草莓装入较大规格的包装中，选用较多的是长50 ~ 70厘米、宽30 ~ 40厘米、高15 ~ 20厘米的塑料箱、硬纸板箱或薄木板箱等。草莓包裹海绵、泡沫网（图5-7）或箱内嵌入软纸或塑料泡沫，将果实轻轻放入箱内，按同方向摆放整齐。每层之间再用软纸或塑料泡沫隔开，大型果放3 ~ 5层，小型果放5 ~ 7层，系好标签，注明产地、品种、等级和重量。

图5-4　透明塑料小盒包装

图5-5　草莓装箱摆放

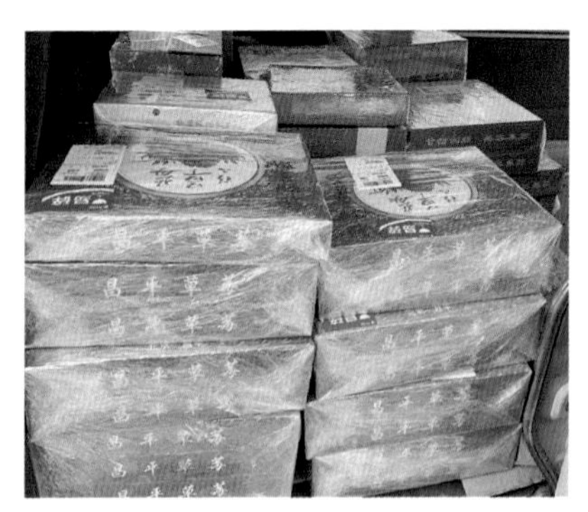

图5-6　装箱的草莓

图5-7　草莓的泡沫网包装

五、采后贮藏

草莓不耐贮藏，采后会很快失去鲜亮的光泽，逐渐萎蔫，风味变淡，并开始腐烂。因此，草莓采后应尽快采取适当的保鲜措施。目前有如下可供选用的安全有效的保鲜措施：

1. 物理保鲜技术

（1）气调贮藏保鲜　气调贮藏是指在低温贮藏的基础上，调节贮藏环境中O_2、CO_2以及一些特殊气体的含量，从而降低果蔬的呼吸强度，减少乙烯生成，抑制酶活性和微生物生长，达到保鲜的目的。气调包装（MAP）是目前国内外使用最有效的果蔬保鲜技术之一，它根据不同果蔬的生理特性，用自然气调或两三种气体组成的混合气体取代包装内的气体，通过选择透气性薄膜来调节包装内的气体组分，目前气调包装保鲜多采用高浓度CO_2低浓度O_2条件。

高浓度CO_2广泛应用于果蔬保鲜。在高浓度CO_2环境中，果蔬呼吸强度降低，内源性乙烯和脱落酸的生成、纤维素酶活性、花青素的分解受到抑制，从而达到保鲜效果。该技术常用于呼吸跃变型果蔬的贮藏。将草莓置于0.06毫米低压聚乙烯薄膜中，并充入20% CO_2后贮藏于(5±1)℃条件下，在贮藏7天后好果率达 90.5%。在实际应用中应根据具体品种而选择适宜的CO_2浓度，避免高浓度CO_2导致某些品种的草莓果实因无氧呼吸而产生乙醇，影响口感。

高浓度O_2处理不仅能减轻病害的发生程度，还能抑制果实因无氧呼吸而产生异味。

（2）冷藏保鲜　温度较高是引起采后果实呼吸旺盛和过度失水的重要因素，因此，降低温度可有效延长保鲜时间，如冰温贮藏，是将食品贮藏在0℃以下至各自的冻结点范围内，属于非冻结保藏，能最大限度地保留食品的营养价值。草莓长期贮藏的最佳温度为0.5℃，该贮藏温度下，果实在4天内表观特征完好；另外，贮藏在10℃环境下的草莓也可在4天内保持较好的感官品质，且在该温度下贮藏的草莓抗氧化酶活性高于0～5℃温度下贮藏的草莓，但相对湿度必须足够低，以避免腐烂的发生。0℃左右的低温贮藏保鲜对于草莓的保鲜效果较好，但需要较大投资，且要注意避免冷害的发生。

（3）热处理保鲜　热处理是利用热蒸汽或热水对果蔬进行短时间处理，从而杀死或钝化果实上病原的活性，降低某些与生理代谢相关酶的活性，减缓果蔬生命活动强度，以减少腐烂，达到保鲜的目的。目前热处理方式主要分为热水浸泡、热蒸汽、强力热空气处理等。草莓置于

45℃热水中处理15分钟，或置于相对湿度95%的热蒸汽中处理1小时，在3℃条件下可贮藏10天。

温馨提示

热蒸汽处理对草莓外观无影响，热水处理使草莓表皮受损，与对照（不作任何处理）组果实相比，热蒸汽和热水处理均能保持果实较好的硬度。

2. 化学保鲜技术

（1）化学保鲜剂保鲜　化学保鲜剂保鲜是指使用化学保鲜剂来提高果蔬的耐贮性，从而延长果蔬保鲜期的技术。$CaCl_2$能延缓果蔬成熟，经$CaCl_2$浸泡能够较好地保持草莓的品质，延长其货架期。

水杨酸（SA）是广泛存在于植物中的内源激素，具有成本低、使用剂量低、无毒、便利等优点，影响植物多种代谢过程，能有效降低果实呼吸强度，提高抗氧化能力，延缓果实衰老。经2毫摩尔/升水杨酸浸泡后可较好地保持草莓果实的维生素C含量、色泽等，抑制腐烂率的上升，同时能提高果实硬度，降低果实失重率，2℃下贮藏7天的草莓仍可保持较好的品质。

（2）涂膜保鲜　涂膜保鲜技术是在果蔬表面均匀地涂抹高分子液态膜，利用膜内形成的气调环境及防腐剂的功能抑制果实呼吸作用、延缓果实营养物质代谢和衰老腐烂，该方法简单易行，且成本较低。对于涂膜原料的选择一般考虑以下几个方面：首先是成膜性好；其次应具备一定的透O_2和透CO_2性能；最后应具有一定抗菌性。壳聚糖（CS）涂膜保鲜技术的应用已比较成熟。含有柠檬烯和吐温80的改性壳聚糖新配方在草莓贮藏方面表现出明显优势，该涂膜保鲜剂可显著抑制草莓失重率的上升和维生素C含量的下降，提高草莓的贮藏品质。

（3）NO处理　NO通过影响乙烯合成而发挥保鲜作用。草莓经0.25微摩尔/升的外源NO熏蒸3小时，可延缓果实衰老，较好地保持草莓色泽、硬度、水分以及营养价值，在18℃以下的阴凉干燥环境中贮藏7天仍可保持较好的品质。

六、运输与销售

1. 运输　草莓最好用冷藏车运输，如用带篷卡车在清晨或傍晚气温较低时装卸和运输。应选择路面比较好的路线，并适当控制车速，避免剧烈震动造成的果实碰伤。

2. 销售　休闲采摘是草莓的主要销售方式，这种销售模式下草莓的价格比零售相对更高。随着网络的发展，超市社区对接、微信群团购送货、快递送货、电商平台等多种销售模式应运而生。点对点对接社区和微信群团购成为降低单位产品物流成本，进而获得价格优势以及培养客户忠诚度的重要销售渠道，能够提供较为稳定的需求，从而保证种植者的销量与效益。该类渠道的有效开拓，重要前提是生产端具有一定的生产规模和过硬的产品质量，同时需要对渠道进行疏通维护，保证供给量，满足客户需求，维持客户活跃度。否则，这类渠道销量的稳定性，将不容易保持。

电商平台具有交易便利、客户群体规模大、需求稳定的优点。农村电商的营销模式可以使运输成本降低，为农产品的营销开辟渠道。网络直播带货已经日趋成熟。“互联网+草莓”在运输方面仍然需要改进，需要考虑三方面因素：第一，包装成本；第二，运输途中的保护效果；第三，运输时间。延长草莓产业链，可增加草莓附加值。草莓作为农产品，季节性明显，每年的春季前后草莓大量上市，一年仅此一季，如果不延长产业链，那么草莓所创造的利润将非常有限。草莓的第二产业就是以草莓为主要原料的食品和饮品加工业，主要有草莓果干、草莓酒、草莓果酱等产品加工生产企业。第三产业就是以草莓为主的休闲农业和服务业。大中型城市周边的农家乐自驾游备受欢迎，可以利用草莓采摘观光经营模式吸引周边消费者前往体验；积极打造草莓嘉年华，将草莓大棚内的土地划分成小块，让游客自己种植，使游客能吃上自己亲手种的草莓，可极大增加游客的体验感，同时也能提高顾客回头率，有利于休闲农业的进一步发展。

七、温室彻底消毒

在草莓生产后期，草莓白粉病、草莓灰霉病、蚜虫、叶螨等病虫害发生严重，为了防止这些病虫害在温室中累积，影响下一茬草莓生长，也避免这些病虫害扩散到外界影响其他作物。拉秧前一天，要将温室彻底消毒。常见的棚室表面消毒技术有药剂喷雾法、烟雾法等。对于发病严重的温室要用50%嘧菌酯4 000 ～ 5 000倍液和高效氯氰菊酯800倍液将温室整体喷施一遍，喷施范围包括温室墙体和过道。喷施后，加大放风口的通风量，降低温室内的温度。夜间温度下降到15℃左右时，密闭温室的棚膜，利用烟剂进行烟熏，将温室中的病虫害控制在安全范围内。

八、拉秧处理

早晨打开温室通风口，将温室内的气体放出。工作人员要等温室内空气中的烟及药需排净后进入，穿上工作服，戴上口罩清理草莓植株（图5-8）。具体操作时不要把整个温室的地膜全部去掉，由于此时外界温度较高，温室的通风量很大，土壤表面很容易由于水分蒸发而干硬，不利于挖净草莓根系，这样会增大劳动强度。为此在清理温室草莓植株时，应根据人员的多少和劳动进度的快慢合理分工，一边去地膜一边挖苗。清理出的草莓植株就地装进准备好的袋子中，不要随便乱扔。在清理的过程中，草莓叶片和果实也要通通装进袋子中，不能遗漏。当天清理的草莓植株不能存放在温室里，应将草莓植株集中无害化处理。

图5-8　清理的草莓植株

九、植株无害化处理

拉秧后对草莓植株的处理极为重要。草莓植株既是草莓病虫害发生的初始来源，又是主要传播途径，因此生产结束后，应及时、妥善处理拉秧后的植株，灭杀病残体上的大量病、虫，实现从源头控制。

常见的无害化处理方法：菌肥发酵堆沤、太阳能高温堆沤、太阳能无害处理、臭氧无害就地处理等。菌肥发酵堆沤杀虫彻底且堆肥质量高；太阳能高温堆沤时间长，易受天气影响；太阳能无害处理成本高，只适合大型园区；臭氧无害就地处理无需运送，方便快捷。菌肥发酵堆沤被种植户广泛采用，其具体措施如下：

1. 植株切碎晾晒　将草莓植株带出温室，在堆沤区切碎到1～5厘米长度适当晾晒，使其含水量达到60%～65%。

2. 接种　将菌剂均匀地撒在料堆上，边翻边撒，促进接种。

3. 调整水分　总水分调整到60%～65%，水分少会影响发酵速度，水分过多则影响肥料通气性，严重时会产生腐败菌而产生臭气。

4. 堆料　堆料形状为长条形，一般高1.5米、宽2米、长3米以上，若堆料过低则不利于发酵。

5. 加盖翻倒　在堆料上加盖透气性覆盖物，保证堆料遮光、避雨、通气。堆料温度一般在3天左右可达到75℃，翻倒一次，之后2～3天后再翻倒一次，10天后开始降温，12天时温度维持在30～40℃时完成发酵。12天时堆料温度仍在50℃以上，应延长发酵时间，加大通气。

6. 种植覆盖作物　种植覆盖作物具有以下优势：防止水土流失、稳固土壤，覆盖作物的根和地上部都能作为有机质重新利用；增加土壤微生物种类；覆盖作物的根分泌物能抑制土壤病原、改善土壤结构、分解有机质，以利于其他作物吸收利用；稳固或增加土壤养分，保持土壤营养均衡，防止氮素流失。对于豆科植物这类覆盖作物来说还能固定空气中的氮，供下一季作物利用；覆盖作物能有效控制病虫害，同时也有利于有益昆虫生长繁殖。覆盖作物能与杂草形成竞争，从而抑制杂草生长。

紫花苜蓿作为覆盖作物通常用于改善硬黏土，其根系发达，主根入土很深，在疏松深厚的土壤中，根系强盛，有60%～70%的根系分布于土层0～30厘米处。根部共生根瘤菌常结成较多根瘤，从而增加了土壤有机质和氮素含量。紫花苜蓿适应性强，因有强大的根系，可深入土中吸收深层水分，而较耐干旱；同时紫花苜蓿有较强的抗盐性。一年生黑麦草为须根系，能很好地保持土壤，防止土壤养分浸出。荞麦生长于贫瘠的土壤中，夏天生长较快，能较大程度地积聚有机质，也能很快分解土壤有机质。苕子是豆科植物，特别是和黑麦、燕麦和荞麦一起播种时其生长速度最快。红三叶、白三叶和冬黑麦等也是常用的覆盖作物。

草莓夏季休耕期可以种植生长迅速的一年生覆盖作物，有利于提高土壤有机质含量，疏松土壤，促进根系生长，破除土壤板结，促进土壤微生物、微型或大型土壤动物（蚯蚓等）的繁殖，抑制土壤线虫及土传病害，减少杂草发生，实现生物固氮，提供授粉动物栖息地等。填闲期播种锦葵科作物秋葵和菊科作物茼蒿，对草莓根腐病防效明显。填闲期混合播种茼蒿（12%）、小黑麦（15%）（图5-9）、草木樨（37%）（图5-10）、芥菜（15%）（图5-11）、荞麦（10%）（图5-12）、秋葵（11%）抗草莓根腐病效果最好，其次为混合播种茼蒿（36%）、小黑麦（17%）、草木樨（10%）、芥菜（22%）、荞麦（8%）、秋葵（7%）。

图5-9　覆盖作物小黑麦

图5-10　覆盖作物草木樨

图5-11　覆盖作物芥菜

图5-12　覆盖作物荞麦

第 6 章

病虫害防治

畸形果

【症　状】草莓果实畸形，包括果实呈鸡冠状、扁平状、果面凹凸不平、果实顶部发青、果实开裂、果肉有孔洞、僵果等（图6-1）。

图6-1　不同形态的畸形果

【产生原因】

（1）与品种遗传特性有关　品种本身育性不高，花粉稔性不高，雄蕊发育不良，雌性器官育性不一致，导致授粉不完全引起果实畸形。

(2) *昆虫授粉不足* 温室内未引入授粉昆虫，或由于阴雨低温、日照不足等不良环境影响，导致授粉昆虫数量少或花朵中花蜜和糖分含量低，不能吸引昆虫授粉，授粉不足，导致果实畸形。

畸形果发生原因及预防措施

(3) *开花期条件不适宜* 开花授粉期温度过高或过低，光线不足，湿度过大，导致花器发育受到影响，花粉育性下降，花粉开裂和发芽率均受到影响，遮光和短日照也会使不育的花粉数量增加，出现受精障碍。草莓具有很强的耐高温性，短时间高温对果实形状影响不大，低温对果实形状的影响比高温明显，开花前的花器即使遭受短时间的低温也可受到伤害，产生畸形果。

不适合的湿度也可造成果实畸形。露地栽培条件下，开花授粉期遇降雨、风沙等情况，可造成果实畸形。促成栽培条件下，温室或大棚内部没有及时通风换气，栽植密度过大，造成植株郁闭、湿度过大，花药开裂受到抑制，花粉不易分散，畸形果增多。

(4) *施药不当* 草莓开花授粉期间施药不当，可导致花器受害，即使正常授粉，也多形成严重的畸形果或不受精果。

(5) *病虫害影响* 病虫侵害也可造成畸形果产生。被病毒侵染的草莓植株生长缓慢、叶片矮化皱缩，结实率下降，即使结实，果实也较小、畸形、口感差，甚至失去商品和食用价值。生长条件不适宜会发生病害，从而产生畸形果（图6-2）。幼果被螨类危害，果面黄褐色、粗糙，果实僵硬，膨大后表皮龟裂。草莓花器被蓟马危害，可造成授粉不良，引起果实畸形，严重时花蕊变成黑褐色，花蕾枯萎，不能结果。

图6-2 僵 果

【防治方法】

(1) *选择适宜品种* 草莓畸形果发生的主要原因是授粉受精不完全，因此，在栽培中宜选用育性高、花粉量多、花粉稔性高、耐低温的品种。种植育性低的品种时，应混合播种其他授粉品种。

(2) *加强水肥管理* 合理施肥，使用充分腐熟的有机肥，避免偏施氮肥，适当提高磷、钾肥的比例，并根据草莓实际生长情况及时补充微量元素；避免大水漫灌，雨后及时排水，建化使用滴灌。

（3）*改善栽培管理条件*　温室或大棚内及时通风透光，降低湿度。开花期相对湿度控制在60%以下，温度白天以25℃为宜，夜间保持在5℃以上，冬季严寒地区棚室内可适当采取增温措施，提高温度。

（4）*及时疏花疏果*　疏除高级次的无效花蕾，降低畸形果发生率，摘除形状异常的畸形幼果，有利于集中养分，提高单果重和果实品质。

（5）*花期辅助授粉*　温室或大棚内应引入熊蜂、蜜峰等授粉昆虫辅助授粉，可明显降低畸形果发生率。蜜蜂生活最适温度为15～25℃，采用蜜蜂授粉，棚内温度在10℃以下或32℃以上时，蜜蜂会减少或停止出巢活动。应及时调节温室和大棚内的温度，尽量将温度控制在10～30℃。在授粉昆虫少的条件下，可使用毛笔进行人工辅助授粉。

（6）*合理用药*　草莓生产中应加强病虫害的预防工作，采用以农业防治、物理防治为主的综合防治措施，尽量少用药或不用药。草莓开花期一般会持续很长时间，如果使用药剂，应尽量选择药害较小的药剂，同时减少用药次数。若在结果期用药，应在摘果后施药，施药时需注意安全间隔期。施药前同时注意将蜜蜂移出温室或大棚，以免蜜蜂受到药害。

高温危害　生理性病害

【症　状】草莓促成栽培条件下，当棚室温度达到35℃以上，在大水浇灌后，如果不及时放风，附着在棚膜上水滴的温度随着温室内温度的升高而升高，高温水滴落下来会烫伤草莓，如果匍匐茎被烫伤，一般不会再发生新苗，影响出苗率；叶片被灼伤，受伤部位会变为黑色或褐色（图6-3），影响草莓的光合作用，造成植株长势弱，易感染病害；果实被灼伤，受伤部位会呈粉白色软腐状（图6-4），果实失水后被灼伤，会出现浅粉色干皮果。

【防治方法】

（1）*遮阳降温*　尤其是进入7月，温度持续升高，有条件的种植户建议覆盖遮阳网，在降温的同时，还可以避免阳光直射灼伤匍匐茎和叶片。

（2）*调整滴灌带位置*　将滴灌带安装在匍匐茎发生的另一侧，否则

图6-3 草莓高温危害叶片症状

滴灌带会烫伤匍匐茎。

（3）*开窗通风或利用设备降温* 温度升高时，及时打开温室内通风口，或加装大功率换气扇，加大温室内通风量，通过空气流通降低温室内温度，有条件的可以配置水帘墙，辅助棚室内温度降低，避免匍匐茎和叶片发生灼伤。

图6-4 草莓高温危害果实症状

低温冻害 生理性病害

【症 状】越冬时，草莓叶片在−8℃以下的低温中可大量冻死，在花蕾和开花期出现−2℃以下的低温，雌蕊和柱头即发生冻害。如果秋冬和初春期间气温骤降，部分叶片会冻死干枯，呈片状卷曲，有的花蕊和柱头受冻后柱头向上隆起干缩，花蕊变黑死亡，幼果停止发育，干枯僵死。植株长期处在寒冷环境里，草莓叶片呈现暗绿色，萎蔫状，根系呈现黄褐色，很少有新根和须根长出。花芽分化期遇低温危害，可造成花序减数分裂障碍，形成畸形果。低温还可造成雌雄花器分化不完全，从而使植株授粉不良，形成畸形果。低温冻害会影响草莓的呼吸作用、光合作用和蒸腾作用，使植株不能正常生长，严重时会导致植株死亡（图6-5）。

【防治方法】

（1）*多层覆膜* 日均气温低于10℃时，对于露地栽培的草莓，采用

图6-5　草莓遭遇雪害

多层覆膜技术，在地膜上加盖小拱棚保温；温度低于-8℃时，将小拱棚盖严，避免低温危害。

（2）覆盖保温材料、配备升温设备　遇强降温，在温室或大棚棚顶加盖棉被、草帘等，在棚室内配备升温设备，如暖气、补光灯等，及时升高棚室内温度。在温室栽培条件下，可以在承重墙加挂银灰色反光膜，有助于防止冻害发生。

（3）后承重墙填充隔温层　温室大棚建造承重墙时，可在夹层中填充泡沫隔温层，有助于防止棚室内温度过低，造成冻害。

（4）定期检查棚膜　定期检查棚膜情况，若有破损及时修补。

肥害　生理性病害

图6-6　草莓肥害植株

草莓肥害在生产上时有发生，程度轻时不会影响草莓生长，肥害严重时可明显影响草莓生产。

【症　状】因施肥方式、肥料种类和受害部位不同，草莓肥害症状表现略有差异（图6-6至图6-8）。较常见的症状有两

图6-7 草莓肥害叶部症状

种，一种为叶片边缘坏死变褐，由外向内呈干枯卷曲状，另一种为心叶和根系坏死，或在叶面上出现灼烧坏死斑。

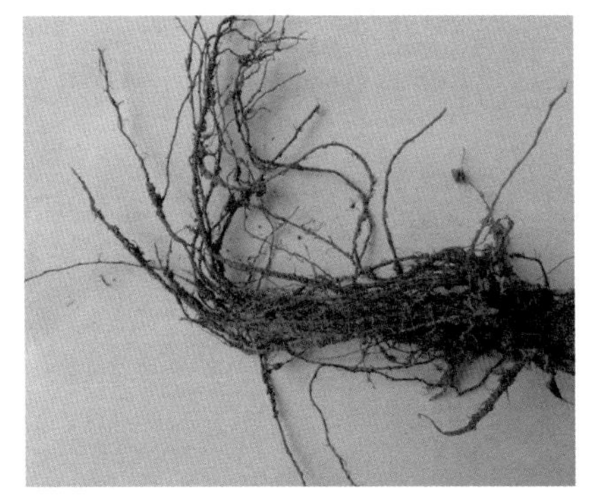
图6-8 草莓肥害根部症状

【防治方法】

（1）合理施肥 根据草莓生长发育特点，选择正确的施肥方法合理施肥，注意氮、磷、钾肥的适当配比，避免氮肥施用过量。

（2）覆土浇水 施肥后注意表面覆土，防止肥料挥发。施肥后根据土壤墒情决定是否浇水。通常在施肥后需要保持土壤湿润。

（3）发生肥害时应加强管理 若施肥不当表现受害症状前，应及时采取补救措施，可根据肥害发生情况，针对性采取覆土、喷淋叶片、浇水等方法，迅速稀释肥料浓度，改善空气和土壤环境，减轻或避免肥害发生。发生肥害后，需加强水肥管理，促使植株恢复正常，减少肥害损失。

氮过剩症 生理性病害

草莓生长过程中偏施氮肥，或者对于连续多年种植草莓的棚室，土壤中都会残留多余的氮素，如果此时再施入大量氮肥，则容易造成氮过剩，使草莓植株出现氮过剩症状。

【症　状】 植株过多吸收氮素后，叶片肥大（图6-9），呈暗绿色，顶端叶片卷曲，植株贪青徒长，生长过于繁茂，组织柔软，易发生病虫害，花芽分化延迟、畸形，生长紊乱，易落花落果。过量的氮素还会使植株烧根中毒，叶缘焦枯（图6-10），植株呈枯死状。氮素过多还会抑制植株对钙的吸收，导致草莓出现缺钙症。

图6-9　氮素过量造成叶片肥大

图6-10　氮素过量导致叶绿焦枯

【防治方法】

（1）*合理施肥*　避免偏施氮肥，适当补充磷、钾肥，多施充分腐熟的有机肥，增加土壤通透性，避免硝态氮的产生及中毒现象。

（2）*灌水排氮*　排水好的地块增加灌水，使过量的氮流失，减轻氮过剩引起的中毒症状。

缺钙症 生理性病害

草莓在生长过程中，对钙的需求量较大，仅次于钾、氮，结果期草莓对钙的吸收量仅次于钾。尤其对于连续多年种植草莓的棚室，过量施用磷、钾肥会造成土壤盐分过高，从而抑制植株对钙离子的吸收，造成植株缺钙，严重时会影响草莓生长，造成产量损失。棚室内气温过高，蒸腾作用强盛，被吸收的钙随水分向蒸腾作用强盛的叶片转移，使钙不能充分向顶部输送，从而表现为缺钙。缺钙症的发生也与品种相关，发生程度因品种不同而有很大差异。

【症　状】叶片焦枯为草莓缺钙最典型的症状，草莓新叶首先表现症状，叶片顶端皱缩，叶尖呈灼烧状，焦枯、变褐（图6-11），小叶展开后不能正常生长；缺钙可造成草莓花萼焦枯变脆，花蕾变褐，新芽顶端干枯，有时会被误认为草莓芽枯病；根系短，不发达，易发生硬果。

图6-11　草莓缺钙叶部症状

【防治方法】

（1）合理施肥　增施充分腐熟的有机肥，提高土壤通透性和土壤肥力，改善土壤理化性状，增强土壤中钙的活性，提高对钙的利用率。通过水肥一体化技术，结合灌溉追施钙肥，同时可用0.2%硫酸钙或磷酸氢钙溶液进行叶面喷施。

（2）控制好温度　温度升高时及时通风降温，避免蒸腾作用过强。

（3）疏花疏果　适当疏花疏果，避免不必要的钙素竞争。

（4）品种选择　避免选择对钙素需求量大的品种，如美香沙。

缺钾症 生理性病害

草莓在生长过程中对钾的需求量高于氮，是氮的1 ～ 2倍，如果氮肥和钾肥施入的量相同，或者在连年种植地块，施入有机肥不足时，草莓后期生长会出现缺钾症状。对于钾含量适量的土壤，如果土壤中钙、镁含量过多，植株也易出现缺钾症状。此外，沙质、含腐殖质少的土壤也易发生缺钾。

【症　状】草莓植株缺钾首先表现在老叶上，老叶边缘呈现黑色或褐色（图6-12），呈灼伤或坏死状斑，还可由叶脉之间向中心发展，叶肉发黄，植株矮小，茎蔓较短，生长缓慢，严重时叶片呈紫红色至紫褐色（图6-13），叶柄变紫，逐渐坏死；果实膨大期缺钾，会导致颜色变浅，风味变淡；根系表现正常，但颜色暗。缺钾症有时会与高温日灼相混淆。

图6-12　草莓缺钾叶缘变黑

图6-13　草莓缺钾严重叶部症状

【防治方法】增施充分腐熟的有机肥，提高土壤通透性和土壤肥力，改善土壤理化性状，提高对钾的利用率。追施硫酸钾肥，同时可用0.3%磷酸二氢钾溶液进行叶面喷施。

缺镁症 生理性病害

由于土壤氮肥施入过量造成土壤呈酸性，影响植株对镁元素的吸收，或者钾、钙施入过量，使土壤呈碱性，也会影响对镁的吸收。

【症　状】植株缺乏镁元素，最初会在老叶上表现症状，叶片边缘黄化或变褐枯焦（图6-14），进而叶脉间叶肉褪绿黄化，形成斑驳花叶，有时会出现暗褐色斑点，部分斑点发展为坏死斑，形成有黄白色污斑的叶片。随着叶龄的增长和缺镁症状的加重，枯焦现象也逐渐加重。缺镁症状并不仅限于下部叶片，中部叶片靠近果实，果实在迅速膨大期需要大量的镁元素，中部叶片的镁会向果实转移，如果此时镁不足，中部叶片就会出现相应的缺镁症状；后期，严重缺镁时，症状会向上部叶片发展，整株植物逐渐黄化、白化，最终植株干枯死亡。缺镁植株形成的果实味道较淡，有时具有白化症状。

图6-14　草莓缺镁叶缘焦枯

【防治方法】

（1）*增施有机肥*　增施充分腐熟的有机肥，改善土壤理化性状，增强土壤中镁的活性，提高对镁的利用率。

（2）*合理施肥*　适当调整氮、磷、钾肥的比例，避免偏施氮肥，及时调试土壤酸碱度。

（3）*施叶面肥*　叶面喷施1%～2%的硫酸镁或螯合镁等。

缺铁症　生理性病害

碱性土壤易导致草莓缺铁，酸性土壤中磷元素含量过高时也易使草莓缺铁。土壤过干或过湿，根的活力受到影响，也易出现缺铁现象。

【症　状】缺铁主要表现在新叶或幼叶上。最初症状是新叶黄化或失绿（图6-15），当黄化程度进一步发展，叶片会变为近白色（图6-16），发白的叶片组织可出现褐色斑点（图6-17）；中

图6-15　草莓缺铁叶部黄化失绿

度缺铁时，叶脉为绿色，叶脉间为黄白色；重度缺铁时，新成熟的小叶变白，叶片边缘坏死。

图6-16　草莓缺铁叶片近白色

图6-17　草莓缺铁叶片出现褐色斑点

【防治方法】

（1）增施有机肥　增施充分腐熟的有机肥，改善土壤理化性状，提高对铁元素的利用率。施用碱性肥料或混土等改善土壤酸碱度，提高土壤pH。

（2）加强水肥管理　及时灌溉，保持土壤湿润，避免土壤过干或过湿。

（3）及时补铁　发现缺铁时，用0.1% ～ 0.5%硫酸亚铁、氯化铁或螯合铁水溶液喷洒，每7 ～ 10天喷淋1次，连续喷淋2 ～ 3次。

草莓白粉病　真菌性病害

草莓白粉病为草莓的常见病害，露地、保护地栽培条件下均可发病。通常发病较轻，对生产无影响。发病严重时，病株率可达80%以上，病果率可达30%以上，严重影响草莓产量和品质。

草莓白粉病的症状和防治方法

【症　状】草莓白粉病主要危害草莓叶片和果实。叶片受害（图6-18、图6-19）在叶背产生白色丝状、粉状物，新叶比老叶更易感病，病情加重时叶缘向上卷起（图6-20），后期呈黄褐色；花瓣感病时变红，影响开放；果实受害（图6-21至图6-25）可在果实表

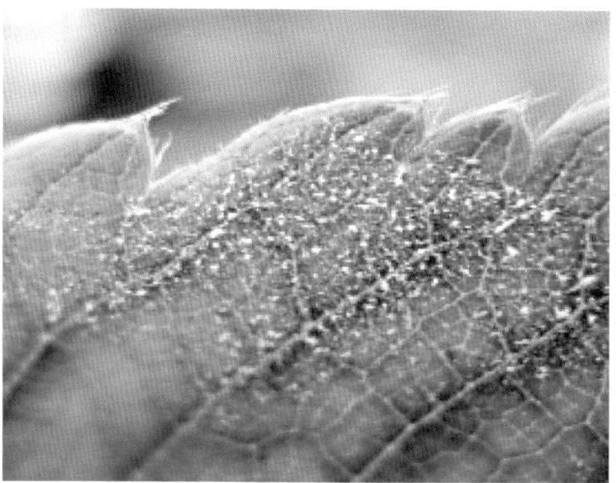

图6-18 草莓白粉病病叶正面

图6-19 草莓白粉病病叶背面

图6-20 草莓白粉病病叶卷曲

图6-21　草莓白粉病病果果顶的白色粉状物

图6-22　草莓白粉病中期病果

图6-23　草莓白粉病病果密布白色粉状物

图6-24　草莓白粉病后期病果

图6-25　草莓白粉病不同时期病果症状

面产生白色粉状物，早期染病影响果实发育可造成僵果，中后期染病导致果实着色不均，果实变软。草莓白粉病发生严重时还可危害茎部（图6-26）、叶柄、花萼和果梗（图6-27）等，发病部位出现白色粉状物。

图6-26 草莓白粉病病茎

图6-27 草莓白粉病染病花萼和果梗

【病　原】草莓白粉病病原为羽衣草单囊壳［*Sphaerotheca aphanis*（Wallr.）Braun］，属子囊菌亚门白粉菌目白粉菌科单囊壳属真菌。病原近似着生于叶片正面和背面，还可着生于果实、叶柄、花萼、嫩茎表面，分生孢子梗与菌丝相近，分生孢子圆筒形至椭圆形，串生、无色，大小为（18 ~ 30）微米 ×（12 ~ 18）微米。子囊果近球形，聚生或散生，褐色，壳壁细胞呈不规则多角形，附属丝丝状，呈屈膝状弯曲。子囊孢子椭圆形至长椭圆形，无色。

【发病规律】草莓白粉病是一种普遍发生却很难防治的病害。病原在寒冷地区以闭囊壳、菌丝体等随病残体在土壤表面或活着的草莓老叶上越冬，也可在保护地内越冬，温暖地区以菌丝或分生孢子在寄主上越冬或越夏。越冬病原在条件适宜时产生子囊孢子或分生孢子，形成初侵染源。羽衣草单囊壳是专性寄生菌，主要依靠带菌的草莓苗进行中远距离传播，发病后产生分生孢子借气流传播蔓延，可形成多次重复侵染。子囊孢子或分生孢子经气流传播到草莓叶片上5天后，在侵染处形成白色菌丝丛状病斑，经7天后成熟形成分生孢子，飞散传播，进行再侵染并产生分生孢子。温室生产整个生育期均可发生，头年11月、翌年3月中下旬为病害高发期。草莓白粉病属于低温型病害，在温度15 ~ 25℃、相对湿度40% ~ 80%时容易发病和蔓延，温度高于35℃或低于5℃对病害有抑制作用，雨水对其也有抑制作用，水滴中孢子不能萌发。孢子以晴天飞散最多，降雨则强烈抑制孢子传播。生产上栽培密度过高、光照不足、通风不良、空气湿度较大或氮肥施用较多时容易发生病害。

【防治方法】

(1) 农业防治　优先选用抗病品种，通常欧美品种如童子一号、甜查理、阿尔比抗草莓白粉病效果较好；适当减小种植密度，合理密植；采用大垄双行定植；及时摘除老叶、枯叶。

(2) 生物防治　可在用硫黄熏蒸时配合使用生物杀菌剂0.5%大黄素甲醚水剂每亩90～120毫升、2%武夷菌素200倍液、枯草芽孢杆菌（1 000亿孢子/克）每亩48～72克、寡雄腐霉8 000倍液进行喷雾防治，效果更佳。

(3) 化学防治　定植前对棚室进行消毒，用硫黄或百菌清烟剂进行熏蒸。用硫黄防治，温室内每隔10米在中央放置一个电热自动控温硫黄熏蒸罐，北京地区于11月初傍晚覆盖棚膜后进行熏蒸，每天熏蒸不超过4小时，连续熏蒸3天即可起到明显效果。病害发生时，选择化学药剂42.4%氟唑菌酰胺・吡唑嘧菌酯悬浮剂1 000～1 500倍液、43%肟菌酯・氟吡菌酰胺1 500～3 000倍液、10%苯醚甲环唑水分散粒剂900～1 500倍液、4%四氟醚唑每亩50～83克或29%吡奈・嘧菌酯悬浮剂每亩30～50毫升、15%三唑酮可湿性粉剂1 000倍液、50%醚菌酯水分散粒剂3 000倍液、12.5%烯唑醇可湿性粉剂2 000倍液、40%氟硅唑乳油5 000倍液等进行喷雾防治，主要喷施叶片背面，间隔7天喷一次，连续喷雾3次。要注意药剂的交替使用，避免产生抗药性。

草莓根腐病　真菌性病害

草莓根腐病为草莓生产上的常见病害，露地、保护地均可发病，以冬季和早春发病最为严重，草莓整个生育期均可发病。目前已成为草莓老产区的毁灭性病害，可造成较大损失。

【症　状】草莓根腐病主要危害根系，根部病变呈现红褐色，也被称为“红中柱”根腐病。根系感病从新生根和侧根开始表现症状，初期不定根中间部位表皮坏死，形成浅红褐色不规则斑块，根系逐渐呈现深褐色或黑色（图6-28），随着病情的发展，根部木质部及髓部坏死变褐，全部根系迅速坏死（图6-29至图6-31）。常见的有急性凋萎型和慢

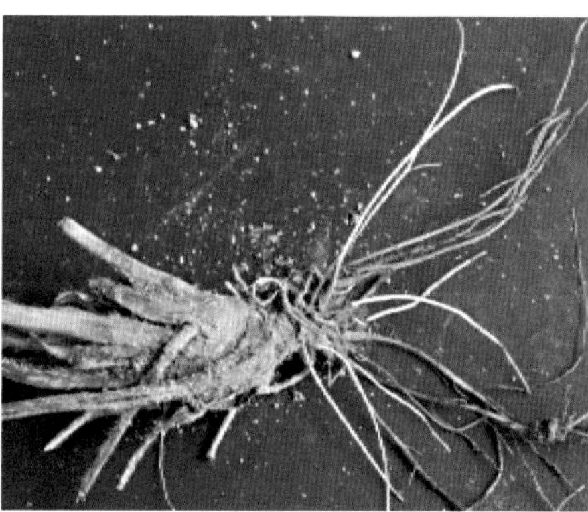

图6-28 草莓根腐病根部症状

图6-29 草莓根腐病早期病根（横切面）

图6-30 草莓根腐病中后期病根（横切面）

图6-31 感染草莓根腐病植株根部（左）与健康植株根部（右）横切面对比

性萎缩型两种。急性凋萎型发生时，感病植株最初在外观上无任何异常，叶尖会突然凋萎，不久整株植物呈青枯状，全株迅速枯死（图6-32），常在久雨初晴后发生。慢性萎缩型发生时，叶片叶缘逐渐发黄、变褐、萎蔫（图6-33），植株矮化萎缩，生长不良，呈缺水萎蔫状，坏死卷缩，由外叶逐渐向心叶发展，最终全株枯黄死亡（图6-34、图6-35）。

图6-32 草莓根腐病急性凋萎型植株症状

图6-33 草莓根腐病慢性萎缩型叶片症状

【病 原】草莓根腐病病原为尖孢镰刀菌（*Fusarium oxysporum* Schl.），属半知菌亚门丛梗孢目瘤座孢科镰刀菌属真菌。病原产生两种类型的分生孢子，小型分生孢子较多，卵形或肾形，假头状着生在产孢细胞上；大型分生孢子纺锤形至镰刀形，较匀称，足细胞明显。厚垣孢子单生或串生，球形，多单细胞。产孢细胞单瓶梗，较短。

图6-34 草莓根腐病后期植株症状

图6-35 草莓根腐病田间症状

【发病规律】 病原以菌丝和厚垣孢子在土壤中越冬。通过雨水、大水漫灌、病株、带菌土壤或基质、施用未腐熟的肥料、中耕等进行传播蔓延。土壤中的卵孢子在晚秋或初冬产生孢子囊，释放出游动孢子，侵入根部后出现病斑，后又在病部产生孢子囊，借灌溉水或雨水传播蔓延。游动孢子侵入主根或侧根尖端的表皮，菌丝沿着中柱生长，后中柱变红色、腐烂。卵孢子在土中可存活数年，条件适宜时产生分生孢子进行初侵染和再侵染，土壤温度低，湿度高，易发病。草莓根腐病为低温型病害，地温6 ~ 10℃是发病适温，高于25℃时则不发病，一般多雨年份的春秋季易发病，高温、积水、通透性不好的黏性土壤根腐病发生较重。

【防治方法】

(1) *农业防治* 选用无病育苗圃育苗，定植时选用无病、健壮种苗；选用抗病品种；与十字花科蔬菜轮作倒茬；施足充分腐熟的有机肥；中耕避免伤根，合理灌水、施肥；清洁田园，及时清除老叶、病叶、枯叶，拔除病株，带出棚外集中处理；拉秧后，将地里的草莓植株全部拔除干净，带出棚外集中处理，棚室内进行严格的土壤消毒，发现病株及时挖除。

(2) 物理防治　保护地种植草莓，在定植前可采用高温闷棚方式进行土壤消毒。在炎热高温季节，畦间灌水，之后用薄膜将棚室内土壤完全覆盖，依靠太阳照射，使棚室内土壤达到50℃高温，进行土壤消毒，25 ～ 30天后可揭膜通风。

(3) 生物防治　用寡雄腐霉2 000 ～ 3 000倍液穴施灌根，每株灌250毫升，每7天灌1次，连续灌2 ～ 3次。

(4) 化学防治　草莓定植前采用棉隆进行土壤消毒，杀灭土壤里的越冬病原，每亩撒施棉隆土壤处理剂30 ～ 40千克，之后用旋耕机旋耕，使药剂与土壤充分混合，覆盖塑料薄膜15 ～ 20天，揭膜通风15天左右，即可定植草莓苗。拉秧后将草莓植株拔出，在病穴内撒石灰消毒。发病初期可采用50%多菌灵可湿性粉剂500倍液、98%噁霉灵可湿性粉剂2 000倍液、70%甲基硫菌灵可湿性粉剂600倍液、58%甲霜·锰锌可湿性粉剂、30%甲霜·噁霉灵水剂1 000倍液、15%噁霉灵水剂700倍液，或72%霜脲·锰锌可湿性粉剂800倍液灌根，每株灌250毫升，每7天灌1次，连续灌2 ～ 3次。各种药剂轮换使用，注意用药安全间隔期。

草莓果腐病　真菌性病害

草莓果腐病是草莓生产中的常见病害，分布较广，发生普遍，保护地、露地栽培均可发生。通常危害程度较轻，一般零星发生，严重时病果率可达10% ～ 15%。

【症　状】草莓果腐病主要危害果实，果实染病初期会变软，逐渐腐烂，并呈粉白色坏死状，在病部表面产生霉层，为病原的分生孢子和分生孢子梗，初为白色，后期发展成墨绿色至黑色。

【病　原】草莓果腐病病原为细链格孢（*Alternaria tenuis* Nees），属半知菌亚门丛梗孢目暗色孢科细链格孢属真菌。病原分生孢子梗直立，分枝或不分枝，暗褐色，有屈曲，顶端着生分生孢子，具隔膜；分生孢子串生，倒棍棒形或长椭圆形，褐色，具隔膜，有喙或无短喙。

【发病规律】草莓果腐病病原腐生性较强，可在多种作物残体上存活。条件适宜时产生分生孢子，可借气流传播。接触地面的近成熟果实或成熟果实，有伤痕、被水泡的果实易被侵染。温度23 ～ 27℃，相对湿度90%时容易发病。草莓采收高峰期，灌溉较频繁或降雨过多，田间潮湿发病重。普通平畦栽培较高垄栽培发病重。

【防治方法】

（1）农业防治　果实成熟后及时采收，采收时避免碰伤果实；及时清除田间病果，集中于田外妥善处理；采用高垄或高畦地膜覆盖栽培方式；果实采收高峰期减少灌溉次数，注意雨后及时排水，保护地注意加强通风，降低田间湿度。

（2）化学防治　发病初期可选用70%代森锰锌可湿性粉剂600倍液、50%异菌脲1 000倍液、10%苯醚甲环唑水分散粒剂每亩67 ～ 100克、58%甲霜灵・锰锌可湿性粉剂500倍液喷雾防治，7 ～ 10天喷施1次，连续喷施2 ～ 3次。建议交替施药，以免产生抗药性。

草莓褐色轮斑病　真菌性病害

草莓褐色轮斑病是草莓生产中的常见病害，分布广泛，保护地、露地栽培条件下均有发生，以秋季发病较重。通常发病率在10% ～ 30%，对产量无显著影响，发病严重时，病株率可达80%以上，严重影响草莓产量和品质。

【症　状】草莓褐色轮斑病主要危害叶片，也可危害叶柄、匍匐茎，侵染果实不常见。多从叶片边缘开始侵染，初期叶片上出现紫红色圆形小斑点（图6-36），随着病情发展，病斑逐渐扩大成近椭圆形或圆形斑块（图6-37），中央褐色，边缘紫褐色，最外缘为紫红色，病健交

图6-36　草莓褐色轮斑病初期

图6-37　感病叶片病斑逐渐扩展

图6-38　叶片病斑产生褐色小点

界明显，后期病斑上可形成褐色小点(图6-38)，为病原的分生孢子器，多呈轮纹状排列（图6-39)，有时几个病斑融合在一起，可发展到叶片的1/4 ～ 1/2大小，使叶片枯萎死亡。该病也可表现另一种不同症状，当病斑在叶尖、叶脉发生时，常使叶片组织呈V形枯死(图6-40)，这种症状与叶片上布满圆形病斑的症状差异较大。

图6-39　叶片病斑内部呈轮纹状

图6-40　感病叶片后期呈V形枯死

【病　原】草莓褐色轮斑病病原为暗拟茎点霉［*Phomopsis*（*Dendrophoma*）*obscurans*（Ell et EV.)]，属半知菌亚门腔孢纲球壳孢目拟茎点霉属真菌。分生孢子器扁球形，器壁褐色，单腔室，大小为（35 ～ 80）微米 ×（50 ～ 170）微米。分生孢子梗线形，分枝较多，基部分隔。分生孢子含油球，无色，单胞。

【发病规律】病原以菌丝体和分生孢子器随病残体在土壤中越冬。越冬病原产生分生孢子进行初侵染，随气流、雨水以及灌溉等农事操作进行传播。病部可产生分生孢子进行多次再侵染，使病害扩大蔓延。新叶极易受侵染。病原喜温暖潮湿环境，发病温度为15 ～ 33℃，最适温度为22 ～ 30℃。草莓苗期到成株期均可发病，空气潮湿、叶片湿度大也有利于发病；种植密度过大、通风透光差的栽培条件容易发病；低洼积水、大水漫灌、草莓连作田发病重。品种间抗性差异显著。

【防治方法】

（1）农业防治　选用优良抗病品种，如宝交早生、静香、戈雷拉、章姬、枥乙女、明宝等。采用滴灌或喷灌，避免大水漫灌。及时摘除病叶、枯叶，收获后及时清洁田园，将病残体带出田外集中销毁，消灭越冬病原。

（2）化学防治　定植前用50%咪鲜胺乳油1 000倍液、50%甲基硫菌灵可湿性粉剂1 500倍液、50%多菌灵可湿性粉剂500倍液或70%甲基硫菌灵可湿性粉剂500倍液进行种苗蘸根，晾干后进行移栽。发病初期可选用50%咪鲜胺乳油1 000倍液、50%甲基硫菌灵可湿性粉剂1 500倍液、50%多菌灵可湿性粉剂500倍液、70%甲基硫菌灵可湿性粉剂500倍液或50%异菌脲可湿性粉剂600 ～ 800倍液喷雾防治，每5 ～ 7天喷施1次，连续喷雾2 ～ 3次。要注意药剂的交替使用，避免产生抗药性。

草莓黄萎病　真菌性病害

草莓黄萎病是草莓生产上的重要病害，我国各草莓主产区均有发生，露地、保护地栽培均可发生。轻度发生时，病株率1% ～ 5%，严重时，发病率可达20%以上，对草莓产量和品质造成很大损失。

【症　状】草莓黄萎病多发生在开花坐果期，以坐果盛期发病最为严重。感病初期，植株外围叶片萎蔫下垂，失去生气和光泽，叶片上产生黑色小型斑点，叶柄产生黑褐色长条形病斑，叶缘或叶尖开始褪绿变黄，逐渐变为黄褐色。幼叶和新叶感病后变成灰绿色或淡褐色下垂，继而从下部叶片开始出现青枯状萎蔫，直至整株枯死。感病植株叶柄、果梗、根茎横切面维管束部分或全部变褐（图6-41），并沿叶柄、果梗向上扩展。感病植株矮小，生长势

图6-41　草莓黄萎病根茎部横切面

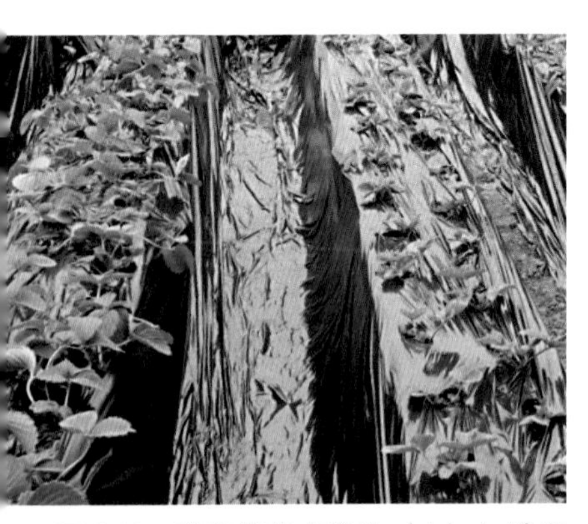

图6-42　草莓黄萎病病株（右）与健康植株（左）田间症状对照

弱（图6-42）。发病轻时根部无明显症状，病害严重时根部腐烂，地上部分枯死。有时植株的一侧发病，叶片发黄枯萎，而另一侧健康，呈现“半身凋萎”症状。病株基本不结果或果实不膨大。夏季高温季节不发病。

【病　原】草莓黄萎病病原为大丽轮枝菌（*Verticillium dahliae* Kleb.），属半知菌亚门丝孢纲丝孢目丛梗孢科轮枝菌属真菌。病原菌丝体无色至褐色，有隔膜；分生孢子梗直立，呈轮状分枝，成熟时分生孢子梗基部不变色。分生孢子单胞，卵圆形至椭圆形，无色，单生于分枝末端，有时具有1个分隔，湿度大时分生孢子呈假头状。菌丝生长后期可产生大量黑色近球形或纺锤形小颗粒，即微菌核，菌落变为黑色。

【发病规律】病原以厚垣孢子、休眠菌丝和拟菌核随病残体在土壤中或堆肥中越冬，也可以菌丝体潜伏在种子内和以分生孢子附着在种子表面随种子越冬，属危害较严重的土传病害。一般可存活6 ~ 8年，带菌土壤是病害侵染的主要来源。环境条件适宜时，病原借助带病母株、土壤、雨水、灌溉水及农事操作等进行传播，从植株根部伤口或直接从幼根的表皮和根毛侵入。侵入后在植株维管束内发育繁殖，不断扩散到植株叶、果实及根系，引起植株系统性发病，最后干枯死亡。病原喜温暖潮湿环境，发病最适温度25 ~ 28℃，相对湿度60% ~ 85%。草莓开花坐果期温度较长时间低于15℃易发病。土壤通透性差、重茬、施用氮肥过多、地势低洼积水或有线虫危害的地块易导致草莓黄萎病的严重发生。品种间抗病性差异较大。

【防治方法】

（1）农业防治　采用无病土育苗，不在病田育苗、采苗，育苗田和种植田分开，培养无毒苗进行草莓生产。及时摘除病叶和枯黄老叶，发现病株立即拔除，带出田外集中烧毁或深埋。选用相对抗、耐病品种。与单子叶作物、葱蒜类或粮食类作物进行合理轮作。采用高垄或半高垄栽培。采用滴灌或膜下暗灌，避免大水漫灌，雨后及时排水，保护地棚室内要及时通风降湿。合理施肥，施用充分腐熟的有机肥，适当增加磷、钾肥的比例，避免偏施氮肥。

（2）物理防治　参见本章草莓根腐病物理防治方法。

（3）化学防治　草莓定植前采用棉隆进行土壤消毒，杀灭土壤里的越冬病原，具体方法同草莓根腐病。定植时或发病初期可选用70%甲基硫菌灵300 ~ 500倍液、98%噁霉灵可湿性粉剂2 000倍液、20%萎锈灵乳油3 500倍液、50%福美双可湿性粉剂500 ~ 600倍液灌根。使用时注意轮换交替用药，避免产生抗药性。

草莓灰斑病　真菌性病害

草莓灰斑病又称为褐角斑病，发生普遍，分布广泛，露地和保护地栽培均可发生。严重时发病率可达40% ~ 60%，影响草莓产量和品质。

【症　状】草莓灰斑病主要危害叶片，匍匐茎、果柄、花萼有时也受害。叶片感病后，最初在叶片或叶缘上形成小而不规则的褐色至紫红色病斑（图6-43），后逐渐扩大变为灰褐色，边缘颜色较深，后期病斑上产生黑色霉状物，即病原子实体，严重时叶片枯死。果柄、花萼、匍匐茎（图6-44）感病后多形成不规则的黄褐色至黑褐色斑点，边缘颜色较深，干燥时易从病部折断。

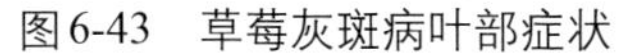

图6-43　草莓灰斑病叶部症状

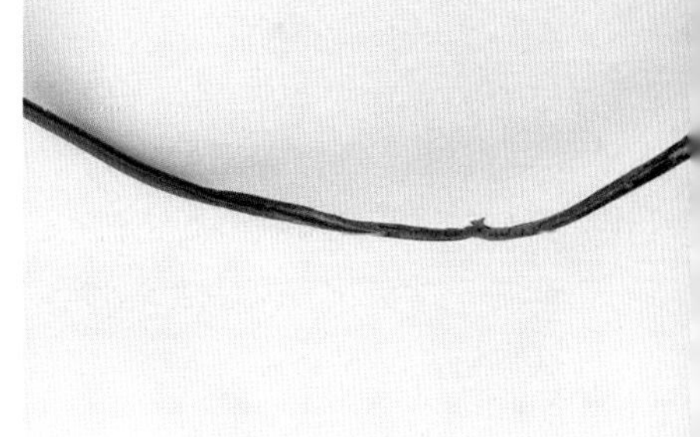

图6-44　草莓灰斑病后期匍匐茎症状

【病　原】草莓灰斑病病原为草莓褐角斑菌（*Phyllosticta fragaricola* Desm.et Rob.），属半知菌亚门腔孢纲球壳孢目壳霉科叶点霉属真菌。病原分生孢子器扁球形至球形，浅褐色，大部分埋生于寄主组织内。分生孢子椭圆形，表面光滑。

【发病规律】病原在病叶或病残体中越冬，也可随病叶落入土壤中越冬，借空气、雨水传播。病原喜高温高湿，阴雨潮湿天气容易发病，田间土壤长时间处于潮湿状态会导致病害加重。品种间抗性差异明显。

【防治方法】

（1）农业防治　种植优良抗病品种；加强田间管理，及时摘除病叶、老叶，带出田外集中销毁；合理施肥，控制氮肥施用，以防徒长，适当增施磷、钾肥；合理密植，避免种植密度过大造成环境郁闭加重病害发生；保护地在发病期多通风，改善通风透光环境；采用滴灌或膜下暗灌，避免大水漫灌，防止浇水过量，使生长环境长期处于潮湿状态。

（2）化学防治　发病初期可选用70%甲基硫菌灵可湿性粉剂500倍液或50%甲基硫菌灵可湿性粉剂1 500倍液、50%咪鲜胺乳油1 000倍液喷雾防治，每5 ～ 7天喷施1次，连续喷施2 ～ 3次。经常使用要注意药剂的交替使用，避免产生抗药性。

草莓灰霉病　真菌性病害

草莓灰霉病为草莓的主要病害，是花果期最重要的病害之一，发生普遍，分布广泛，北方主要在保护地内发病，南方露地栽培也可发病，以冬春季发生最普遍。一般发病率20% ～ 40%，引起产量损失在10% ～ 20%，严重时发病率可达80%以上，造成产量损失50%以上，严重影响草莓生产。

草莓灰霉病的症状和防治方法

【症　状】草莓灰霉病主要危害花、花萼、花瓣、果实和叶片，花萼变红是草莓灰霉病早期主要症状之一（图6-45）。病原易从草莓花期较衰弱的部位侵染。该病典型特征是发病部位产生灰色霉状物（图6-46）。花受侵染后，呈浅褐色坏死腐烂，产生灰色霉层；病原沿花瓣掉落的部位侵染，形成近圆形坏死斑，病斑上有不明显的轮纹，其上会产生稀疏的灰霉。病原多从基部老叶边缘侵染叶片（图6-47），使叶片形成V字形黄褐色枯萎（图6-48），后期

图6-45　发病早期花萼变红

呈红褐色，叶缘萎缩、枯焦。幼果受害蒂部呈水渍状软化，导致发育停止，已转色的果实受害，初期出现油渍状褐色小斑点，湿度大时迅速扩大，僵果腐烂，果肉变软，表面密生灰色霉层（图6-49至图6-51）。

图6-46　果柄密布灰色霉层

图6-47　发病初期叶部症状

图6-48　发病中后期叶部症状

图6-49　发病初期果实症状

图6-50　发病中后期果实症状

图6-51　发病后期果面布满灰霉

【病　原】草莓灰霉病病原为灰葡萄孢（*Botrytis cinerea* Pers.），属半知菌亚门丝孢纲丝孢目葡萄孢属真菌。病原孢子梗数根丛生，褐色，有隔膜，顶端呈1～2次分枝，顶端密生小柄并着生大量分生孢子，椭圆形至圆形，单细胞，无色。有时会有菌核产生。

【发病规律】病原以菌丝体、分生孢子随病残体或菌核在土壤中越冬，通过气流、灌溉水或农事操作传播。灰葡萄孢腐生性强、寄主范围广。草莓灰霉病属于低温高湿型病害，主要发生在开花后，在气温18～20℃，相对湿度60%以上时容易发病，在31℃以上或2℃以下环境中，以及空气干燥时不形成孢子，不发病，连阴雨、灌水过多、地膜积水、施氮肥多、植株密度过大以及棚内通风不良时均可诱发该病，湿度过大时则发病快。

【防治方法】

（1）农业防治　优先选择抗病品种，日系品种红颜、章姬等较抗病；适当减小种植密度，合理密植，采用大垄双行定植；及时摘除病株、病果，置于装有药液的桶中；注意科学通风，阴天也要适当短时间通风以降低湿度；避免过多施用氮肥，应增施磷、钾肥；在发病时期加大放风量，将湿度降低到50%以下，闭棚将温度提高到35℃，2小时后放风降温，连续闷棚2～3次可对病害起到明显抑制作用。

（2）生物防治　发病前期可选用枯草芽孢杆菌（1 000亿孢子/克）每亩40～60克、木霉菌（2亿活孢子/克）可湿性粉剂500倍液、寡雄腐霉8 000倍液、3亿cfu/克哈茨木霉菌每亩100～140克制剂进行茎叶喷雾。

（3）化学防治　可选用50%克菌丹可湿性粉剂400～600倍液、50%啶酰菌胺悬浮剂1 200倍液、50%啶酰菌胺水分散粒剂1 500倍液、38%唑醚·啶酰菌水分散粒剂每亩60～80克、50%咯菌腈可湿性粉剂4 000倍液或50%腐霉利可湿性粉剂1 000倍液、50%嘧菌灵悬浮剂1 000倍液、50%乙烯菌核利可湿性粉剂1 500倍液、50%异菌脲可湿性粉剂1 500倍液、25%咪鲜胺乳油2 000倍液、30%百·霉威可湿性粉剂500倍液、40%嘧霉胺悬浮剂1 200倍液进行喷雾，每7天喷1次，连续喷2～3次，建议交替施药，以免产生抗药性；定植前撒施25%多菌灵可湿性粉剂每亩5千克，旋入土中，也可采用10%腐霉利烟剂或45%百菌清烟剂200～250克进行熏烟灭菌。

草莓枯萎病 真菌性病害

草莓枯萎病为草莓生产上的主要病害，露地、保护地栽培均可发生，常发生于多年连作草莓的田块或棚室。通常零星发病，对草莓生产无明显影响，发病严重时病株率可达30%左右，对草莓产量造成显著影响。

【症　状】一般开花初期和结果期发病，新叶或侧叶最先黄化。发病多从一侧向全株发展，初期叶片变黄，有的卷缩或畸形（图6-52），叶片萎蔫失去光泽，随着病害发展，叶缘逐渐转为灰色，老叶呈现红色萎蔫状，维管束组织病变，致使植株生长较一般植株矮化。发病过程中因水分、养分输导受阻，植株逐渐出现黄化，呈现营养不良状态，后期白天出现失水性萎蔫（图6-53），逐步遍及全株，致使全株萎蔫死亡（图6-54）。受害植株叶柄、果梗、根冠部维管束可变成褐色至黑褐色，纵剖镜检可见长的菌丝。草莓枯萎病田间易与草莓黄萎病混淆，但前者心叶黄化、卷缩和畸形，多在夏季高温季节发生，有别于后者。

图6-52 发病初期植株症状

【病　原】草莓枯萎病病原为尖孢镰刀菌草莓专化型（*Fusarium oxysporum* Schl. f. sp. *fragariae* Winks et Willams），属半知菌亚门丝孢纲从梗孢目瘤座孢科镰刀菌属真菌。病原可产生两种类型的分生孢子。小型分生孢子着生于单生孢子

图6-53 植株失水性萎蔫

图6-54 植株萎蔫死亡

梗上，无色，单胞或双胞，卵形或肾形，常在分生孢子梗顶端聚集成假头状。大型分生孢子镰刀形至纺锤形，基部具有足细胞或近似足细胞，具隔膜。厚垣孢子间生或顶生，球形，多数单胞，表面光滑或皱缩。

【发病规律】 草莓枯萎病是一种土传病害。病原主要以菌丝体和厚垣孢子随病残体在土壤中或未腐熟肥料中越冬，种子也可带菌。厚垣孢子在土壤中可存活5 ~ 10年，带菌土壤和肥料是引起该病发生的主要初侵染源。适宜条件下，病原主要通过分苗、移栽、中耕、灌溉等农事活动传播蔓延，可从草莓根部自然裂口或伤口侵入。土壤温度15 ~ 32℃均可发病，适宜温度为22 ~ 32℃。地势低洼、黏性土壤、重茬、大水漫灌有利于发病，土壤贫瘠、偏酸、施用未腐熟的有机肥、农事活动粗放、植株根系发育不良易造成病害严重发生。品种间抗病性差异明显。

【防治方法】

(1) 农业防治　选用无病、健壮种苗，做好源头控制。选用相对抗病的优良品种，如全明星、哈尼、明宝、静香、春香等。与玉米、蔬菜等轮作、倒茬，改善病原滋生环境。用石灰氮进行土壤消毒，杀灭病原。适当时期施入充分腐熟的农家肥，改良土壤黏度、通透性；加强田间管理，增施生物菌肥、磷钾肥，按时通风透光，及时清除病残体。

(2) 物理防治　参见本章草莓根腐病。

(3) 生物防治　定植时期，用枯草芽孢杆菌（1 000亿孢子/克）1 000倍液、寡雄腐霉2 000 ~ 3 000倍液、2%氨基寡糖素水剂300 ~ 450倍液穴施灌根，250毫升/株。

(4) 化学防治　草莓定植前采用棉隆进行土壤消毒，杀灭土壤里的越冬病原，具体方法同草莓根腐病。发病初期，可选用98%噁霉灵可湿性粉剂2 000倍液，或甲基硫菌灵可湿性粉剂500倍液、50%多菌灵可湿性粉剂500倍液，或450克/升咪鲜胺水乳剂，在开花结果初期、盛果期灌根防治，250毫升/株。

草莓镰孢霉果腐病　真菌性病害

草莓镰孢霉果腐病为草莓的常见病害，发生普遍，生长期和贮运过程中均可发生，生长期常零星发生，造成少量烂果，个别地块或特殊年份损失严重。贮运过程中发病可使草莓品质受到损害，严重影响其商品价值。

【症 状】草莓镰孢霉果腐病只危害果实，多危害成熟果或近成熟果。病原多从伤口或果实与地面接触处侵染。感病初期，病斑呈灰红色至浅黄色。随着病情发展，逐渐变为黄褐色至褐色，病斑形状大小不规则，可迅速扩展至半个甚至整个果实，果实逐渐变软腐烂。感病后期，病部着生白色略带粉红色、厚且致密的絮状霉层，即病原的菌丝和分生孢子。

【病 原】草莓镰孢霉果腐病病原为镰孢霉（*Fusarium* sp.），属半知菌亚门丝孢纲瘤座孢目瘤座孢科镰刀菌属真菌。分生孢子多为大型分生孢子，无色，镰刀形，两端稍尖，底细胞、足细胞不明显，具隔膜。偶尔产生小型分生孢子，卵圆形，无色，无隔。

【发病规律】病原以菌丝体或分生孢子在病残体或土壤中越冬，果实上有伤口或接触地面易受侵染，温暖潮湿有利于发病。种植密度过大、地势低洼、灌水过大、黏性土壤、平畦种植有利于发病。贮存及运输过程中温度偏高、挤压翻动造成伤口、通风不良易造成发病严重。

【防治方法】

（1）农业防治 采用高畦、高垄或半高垄地膜覆盖栽培，在过道铺撒碎稻壳或稻草，避免果实直接与地面接触；采用滴灌或膜下暗灌，避免大水漫灌，注意雨后及时排水；保护地浇水后加强通风降湿。果实成熟及时采收，发现病果及时清除，带出田外集中处理；草莓运输过程中加装透气、不易磨损的保护套，果实之间相互隔开，减少机械损伤；贮存过程中保持低温，注意通风透气，发现伤果、病果及时捡出，避免其他果实染病。

（2）化学防治 必要时在果实近成熟前施药防治。可选用50%多菌灵可湿性粉剂500倍液、45%噻菌灵悬浮剂1 500倍液、58%甲霜灵·锰锌可湿性粉剂400 ～ 500倍液、72%霜脲·锰锌可湿性粉剂600倍液或65%多果定可湿性粉剂1 000倍液喷施，间隔7天再喷施1次。注意药剂喷施后不能立即采摘，在用药安全间隔期后才可采摘。

草莓普通叶斑病 真菌性病害

草莓普通叶斑病又称为蛇眼病，为草莓生产上的常发病害，分布较广，发生普遍。通常病情较轻，对生产影响较小，但严重时病株率可达

60%以上，草莓植株部分叶片由于被侵染发病而干枯坏死，影响草莓生产。

【症　状】草莓普通叶斑病主要危害叶片，叶柄、果梗和果实也可受害。病叶上先形成紫红色小斑（图6-55），随后扩大成直径2 ～ 5毫米的圆形或椭圆形病斑（图6-56），边缘紫红色，中间灰白色，蛇眼状。严重时，数个病斑可融合成大病斑，直至叶片枯死，影响植株生长和芽的形成。果实受害，其上的种子会单粒或连片被侵害，受害种子同周围果肉均会变成黑色，丧失商品价值。

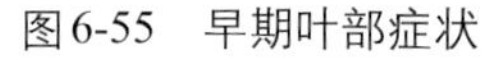

图6-55　早期叶部症状

图6-56　病叶产生多个紫色斑点

【病　原】草莓普通叶斑病病原为杜拉柱隔孢（*Ramularia tulasnei* Sacc.），属半知菌亚门丝孢纲丛梗孢目丛梗孢科柱隔孢属真菌。病原分生孢子梗丛生，分枝或无分枝，基部子座不发达。分生孢子圆筒形至纺锤形，无色，单胞或具隔膜。有性时期为*Mycosphaerella fragariae*（Tul.）Lindau，属子囊菌亚门草莓蛇眼小球壳真菌。子囊壳球形至扁球形，初埋生，后露出表皮。子囊束生，棍棒状或长圆形，内含子囊孢子8个。子囊孢子卵形、无色，具有隔膜。

【发病规律】病原以菌丝体或分生孢子随植株病残体越冬，也有的以菌核或子囊壳越冬。翌年春天产生分生孢子或子囊孢子进行传播和初侵染，发病后病部产生分生孢子可进行多次再侵染。病苗和表土上的菌核是主要传播体。病原生育适温为18 ～ 22℃，低于7℃或高于23℃时，发育迟缓。病原喜潮湿环境，在夏秋高温高湿季节，管理粗放、排水不良的地块发生严重，露地育苗地块常发生，生产棚室较少发生。光照不足、连续阴雨天气发病重；连作、排水不良的低洼地发病重；种植过密、通风透光差的地块易发病。品种间抗性差异显著。

【防治方法】

（1）农业防治 加强田间管理，及时摘除老叶、枯叶，改善通风透光环境、保持合理的种植密度，以免造成环境郁闭；及时摘除病叶、清除病株，减少病原；避免连作；定植时淘汰病苗、弱苗。

（2）化学防治 移栽前种苗用70%甲基硫菌灵600倍液浸洗5 ~ 10分钟，晾干后定植；也可用25%嘧菌酯悬浮剂预防，或10%苯醚甲环唑水分散粒剂每亩40 ~ 60克、50%琥胶肥酸铜可湿性粉剂500倍液、30%碱式硫酸铜悬浮剂400倍液、70%锰锌·乙铝可湿性粉剂500倍液、72%霜脲·锰锌可湿性粉剂700倍液、56%霜霉清可湿性粉剂700倍液、69%锰锌·烯酰可湿性粉剂600倍液、60%氟吗啉可湿性粉剂750 ~ 1 000倍液、72%霜霉威水剂600 ~ 700倍液等喷雾防治，每5 ~ 7天喷施1次，连续喷雾2 ~ 3次。

草莓炭疽病 真菌性病害

草莓炭疽病的症状和防治方法

草莓炭疽病为草莓生长过程中的主要病害，分布广泛，发生普遍，种植地区均有发生。

【症 状】草莓炭疽病主要危害叶片、叶柄、托叶、匍匐茎等部位（图6-57、图6-58）。匍匐茎受害最重，叶片次之。在匍匐茎和叶柄上的病斑初为纺锤形、凹陷（图6-59），当扩展成为黑褐色环形圈时（图6-60），病斑以上部分萎蔫枯死。受害

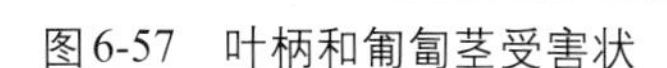

图6-57 叶柄和匍匐茎受害状

图6-58 叶部症状

图6-59　纺锤形病斑

图6-60　匍匐茎上病斑扩展为黑褐色环形圈

图6-61　发病初期根部横切面

叶片上产生近圆形淡褐色至暗褐色病斑。果实受害，产生近圆形病斑，淡褐色至暗褐色，软腐状并凹陷。该病除引起局部病斑外，还易导致草莓苗整株萎蔫死亡，发病初始1 ~ 2片展开叶失水下垂，傍晚或阴天恢复正常，随着病情加重，则全株枯死。观察根茎部横切面（图6-61），可见自外向内发生局部褐变，而维管束不变色。

【病　原】草莓炭疽病病原主要有半知菌亚门的胶孢炭疽菌（*Colletotrichum gloeosporioides*）、尖孢炭疽菌（*C. acutatum*）和草莓炭疽菌（*C. fragariae*），三种病原均属半知菌亚门腔孢纲黑盘孢目黑盘孢科炭疽菌属真菌。

胶孢炭疽菌产生的分生孢子无色，单胞，棍棒形，两端钝圆，有性态为子囊菌亚门围小丛壳菌（*Glomerella cingulata*）。尖孢炭疽菌产生的分生孢子盘无刚毛，分生孢子盘产生的分生孢子无色，单胞，椭圆形或梭形。有性阶段为子囊菌亚门尖孢小丛壳（*Glomerella acutata*）。草莓炭疽菌产生的分生孢子倒卵形，可形成粉红色至橙色的分生孢子团，无菌核，附着胞棒状、卵圆形，有时边缘呈裂叶状。有性阶段为子囊菌亚门小丛壳属的*Glomerella fragariae*。

【发病规律】草莓炭疽病属于土传病害。病原常以菌丝体或分生孢子在植株病残体或土壤中越冬，当条件适宜时，产生分生孢子梗和分生孢子侵染草莓幼苗，形成初侵染源，分生孢子借雨水、灌溉水、农事操作等传播，进行再侵染。病原侵染最适气温为28 ～ 32℃，相对湿度在90%以上，是典型的高温高湿型病原。5月下旬后，当气温上升到25℃以上，草莓匍匐茎或近地面的幼嫩组织易受病原侵染，7 ～ 9月在高温高湿条件下，病原传播蔓延迅速。连续阴雨或阵雨2 ～ 5天过后的草莓连作田，老残叶多、氮肥过量、植株幼嫩及通风透光差的苗地发病严重，可在短时期内造成毁灭性的损失。品种间抗性有差异。

【防治方法】

（1）农业防治　选用抗病品种；采用设施避雨和基质育苗；定植时剔除病苗；白天天气晴好时，要加大通风力度，改善通风透光条件，降低大棚内的温度、湿度；及时摘除病叶、病茎、枯叶、老叶以及带病残株，并进行销毁；有条件的可将水稻与草莓轮作。

（2）生物防治　发病初期可喷施2%抗菌霉素、2%武夷菌素水剂200倍液等进行防治，每7天喷施1次，共计喷施2 ～ 3次。

（3）化学防治　露地苗圃应在匍匐茎开始伸长时喷药保护，可选用50%咪鲜胺可湿性粉剂1 500倍液、10%苯醚甲环唑1 000 ～ 1 500倍液、40%多・福・溴菌腈可湿性粉剂1 500倍液、80%代森锰锌800 ～ 1 000倍液、70%甲基硫菌灵800 ～ 1 000倍液、25%吡唑醚菌脂乳油1 500 ～ 2 000倍液、50%咪鲜胺锰盐可湿性粉剂1 500倍液、60%菌毒・烷醇可湿性粉剂700倍液、40%炭克可湿性粉剂800倍液、50%甲基硫菌灵・硫黄悬浮剂500倍液、80%炭疽福美可湿性粉剂800倍液或25%溴菌腈可湿性粉剂500倍液喷施防治，间隔7天喷施1次，共防治2 ～ 3次。要注意交替用药，延缓抗药性的产生。药液要喷施均匀，重点喷施短缩茎、匍匐茎等近地表部位，可提高防治效果，连续降雨后待转晴天后应立即预防。

草莓V形褐斑病　真菌性病害

草莓V形褐斑病的症状和防治方法

草莓V形褐斑病在草莓生产上时有发生，通常零星发病，病情较轻，对生产无明显影响，严重时可导致部分植株枯死，引起一定的产量损失。

【症　状】草莓V形褐斑病主要危害叶片，叶柄、果梗和花萼也可染病。老叶染病，初期多在叶缘附近产生紫褐色小斑，小斑逐渐扩大成褐色形状不规则的大斑，病斑外缘常呈暗绿色或黄绿色。嫩叶感病，病斑常从叶尖开始出现，沿中央叶脉向叶基部呈V形或U形迅速扩展（图6-62），多形成V形黄褐色坏死斑；病斑褐色，边缘暗褐色，病斑内可相间出现黄绿色、红褐色轮纹，最后病斑内密生黑褐色小点，即病原的分生孢子堆。通常叶片上病斑较少，一般1片叶上只有1个大斑（图6-63），严重时从叶顶伸达叶柄，乃至全叶枯死。花萼和花柄受害变褐死亡，果实受害呈干性褐腐，较坚硬。

图6-62　病斑沿主脉向叶基部呈V形褐色扩展

图6-63　病叶后期症状

【病　原】草莓V形褐斑病病原为草莓日规壳菌［*Gnomonia fructicola*（Arnaud）Fall］，属子囊菌门核菌纲球壳菌目间座壳科日规壳菌属真菌。子囊孢子长纺锤形，无色，双胞，子囊壳多在土壤中形成。无性态为*Cercospora paeoniae* Tehon et Daniels，属半知菌亚门丝孢纲丝孢目暗丛梗孢科假尾孢属真菌。分生孢子倒棍棒形或椭圆形，单胞，无色；分生孢子梗浅褐色至浅黑色，簇生，顶端圆锥形。

【发病规律】病原以子囊壳或分生孢子随病残体在土壤中越冬，春季或秋季温度降低时释放出子囊壳或分生孢子。通过气流传播进行初侵染，发病后多以分生孢子进行再侵染，使病害扩展蔓延。草莓V形褐斑病属于低温高湿型病害，一般花期前后和花芽形成期是发病高峰期，28℃以上发生极少，秋季和早春雨露较多的天气有利于发病。一般健壮种苗发病轻，生长势弱的种苗发病重。低温高湿、偏施氮肥、光照不足的条件下发病重。品种间有抗性差异。

【防治方法】

（1）农业防治　选用抗病品种；采用高垄覆膜栽培；加强水肥管理，合理施肥，施用充分腐熟的有机肥，增施底肥，适当提高磷、钾肥的比例，避免偏施氮肥，使植株生长健壮，提高植株自身的抗病力；及时摘除病叶和枯黄老叶，带出田外集中妥善处理；收获后及时清洁田园，减少越冬病原；避免大水漫灌，雨后及时排水；保护地栽培要做好棚室内的通风降湿，减少或避免叶面结露。

（2）化学防治　发病初期进行药剂喷雾防治。可选用65%代森锰锌可湿性粉剂500倍液、50%代森铵水剂800倍液、80%炭疽·福美可湿性粉剂500倍液、10%苯醚甲环唑水分散粒剂900 ～ 1 500倍液、70%甲基硫菌灵可湿性粉剂1 500倍液、40%氟硅唑乳油8 000倍液、50%异菌脲可湿性粉剂1 200倍液，每7 ～ 10天防治1次，连续防治2 ～ 3次。使用时注意轮换交替用药，避免产生抗药性。

草莓芽枯病　真菌性病害

草莓芽枯病是草莓生产上的常见病害之一，在草莓整个生长季节均可发病，在我国草莓产区普遍发生。通常局部零星发病，发病率5% ～ 10%，严重时发病率可达20%以上，对草莓生产造成较大经济损失。

【症　状】草莓芽枯病主要在新芽、花蕾、幼叶、托叶和叶柄基部发生危害。受害后的花蕾和幼芽呈萎蔫青枯状，随着病情发展逐渐呈黑褐色（图6-64、图6-65），最终枯死。幼叶和萼片上产生暗褐色斑点，新叶萌发减少，结果数减少，后期叶片和果实畸形，易感染草莓灰霉病。叶柄和果梗基部感病后会变成黑色，叶片下垂，湿度较大发病严重时叶柄和果梗基部腐烂。植株感病后短时间内萎蔫枯死，发病后期常在病部表面产生稀疏的灰白色至浅褐色蛛丝状菌丝，可与草莓灰霉病区分。

【病　原】草莓芽枯病病原为立枯丝核菌（*Rhizoctonia sola* Kühn），属半知菌亚门丝孢纲无孢目无孢科丝核菌属真菌。病原菌丝初期无色，有隔，老熟时浅褐色至黄褐色，分枝处呈直角，基部稍缢缩。病原生长

图6-64　青枯褐变的幼叶

图6-65　青枯褐变的托叶

后期，由老熟菌丝交织在一起形成一连串的桶形细胞，相互交织成暗褐色的菌核。菌核不定形，质地疏松，表面粗糙。有性态为*Thanatephorus cucumeris*（Frank.）donk，为担子菌亚门瓜亡革菌。自然条件下不常见，仅在酷暑高温条件下产生。担子单胞，无色，圆筒形或长椭圆形。

【发病规律】病原以菌丝体或菌核随病残体在土壤中越冬，可在土壤中腐生存活2 ～ 3年。草莓种苗定植时易被侵染发病；定植后遇连续低温天气或连阴雨天易发病；遇寒流侵袭或长时间湿度过大，温室内长期通风不足、温暖潮湿均可加重发病。

【防治方法】

（1）农业防治　实行无病土育苗，不在病田育苗、采苗，育苗田和种植田分开，培养无毒苗进行草莓生产；及时摘除病叶和枯黄老叶，发现病株立即拔除，带出田外集中烧毁或深埋；合理密植，避免种植密度过大，影响通风；合理施肥，施用充分腐熟的有机肥；加强棚室内温湿度管理，及时通风，避免湿度过大；寒流侵袭前及时加盖小拱棚的棚膜，并在棚室四周盖草帘或棉被，防止植株受冻。

（2）化学防治　从现蕾期开始进行药剂防治，可选用百菌清粉剂600 ～ 800倍液、72%霜霉威盐酸盐600倍液或98%噁霉灵可湿性粉剂2 000倍液。发病初期可选用上述药剂进行防治，喷药时注重基部喷药，也可采用药剂灌根的方法进行防治。草莓芽枯病与草莓灰霉病混合发生时，可选用50%咯菌腈可湿性粉剂4 000倍液或50%腐霉利可湿性粉剂1 000倍液进行喷雾，每7天1次，连续喷2 ～ 3次，建议交替施药，以免产生抗药性，也可采用腐霉利烟剂进行熏蒸。

草莓疫霉果腐病 真菌性病害

草莓疫霉果腐病又称为皮腐病、革腐病，多在露地栽培条件下发生，保护地亦有发生，通常零星发病，造成少量烂果。病害发生严重时，发病率可达20%以上，造成产量损失35% ~ 45%，显著影响草莓生产。

【症 状】草莓疫霉果腐病主要危害果实，亦可危害根、花、叶等（图6-66、图6-67）。开花至果实成熟均可感病。果实多从接触地面处被侵染。幼果感病初期病部呈水渍状、近圆形或不规则的病斑，浅褐色。随着病害发展，整个果实变为黑褐色。空气干燥，病部硬化呈皮革状，果实不再膨大，空气潮湿，病果软化腐烂，在病部表面产生浓密白色霉层。成熟果实受害后，病部呈浅黄褐色，较正常果颜色深，后期整个果实变成黄褐色至褐色，表面皱缩，无光泽，有弹性，果肉变褐且革质化，有苦味，最终干硬成为僵果；空气潮湿时，病果软化褪色，呈水渍状腐烂，湿度高时，病果表面亦可产生白色霉层。根部受害后，切开病根可见从外向里变黑，革腐状。

图6-66 果实症状

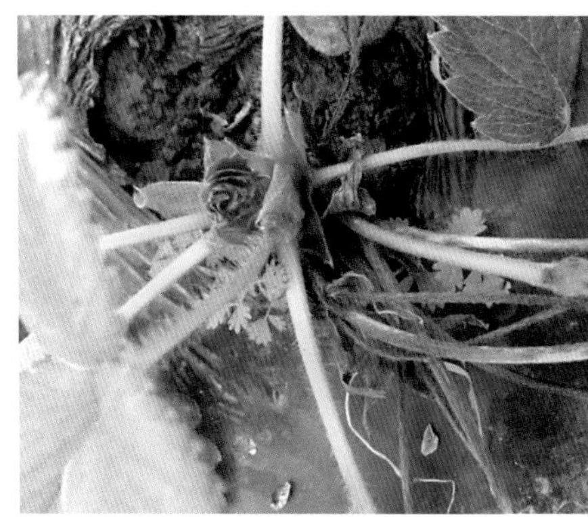

图6-67 茎基部症状

【病 原】草莓疫霉果腐病病原为苹果疫霉［*Phytophthora cactorum*（Leb.et Cohn）Schrötr］，属鞭毛菌亚门卵菌纲霜霉目疫霉属真菌。病原菌丝分枝较少，孢囊梗细长，孢子囊近球形或卵圆形，偶有长卵圆形，大小为（28.5 ~ 42.5）微米×（27 ~ 38.5）微米，顶端具有明显乳状突起。

【发病规律】病原以卵孢子在患病僵果、病根及病死的花梗等病残体及土壤中越冬，耐寒性很强，条件适宜时产生孢子囊，遇水释放游动孢子，通过雨水或灌溉水传播。发病适宜温度8 ～ 35℃，最适温度25 ～ 28℃。春末夏初和夏末秋初是两个发病高峰时期。果实成熟期遇低温和雨水易造成流行。高湿和强光照是发病的重要条件。平畦种植、地势低洼、黏性土壤、浇水过多、偏施氮肥、种植密度过大、棚内通风不良的地块发病较重。

【防治方法】

(1) 农业防治　采用高畦或高垄地膜覆盖方式栽培，不在地势低洼地块种植。加强水肥管理，采用滴灌或膜下暗灌，避免大水漫灌，合理施肥，适当调整氮、磷、钾肥比例，避免氮肥施用过多。果实成熟后及时采收。及时清除田间病果，集中于田外妥善处理。可在畦沟内铺撒稻壳或碎稻草，避免果实与地面直接接触。雨后及时排水，避免积水。

(2) 化学防治　发病初期可用69%烯酰·锰锌可湿性粉剂800 ～ 1 000倍液或72%霜脲·锰锌可湿性粉剂600倍液喷雾防治，注意尽量把药液喷到植株基部及叶片背面，每7 ～ 10天喷施1次，连续施用2 ～ 3次。也可选用5%百菌清粉尘剂每亩1千克喷粉防治，或者用45%百菌清烟剂每亩200 ～ 250克分散5 ～ 6处点燃熏棚，每7天防治1次。

草莓青枯病　细菌性病害

草莓青枯病多在草莓育苗期和定植期发生，一般在生育期很少发生，在采收末期可发病。该病在我国长江流域以南草莓栽培区均有发生，是南方草莓生产上的重要病害。一般零星发病，病株率较低，发病严重时可造成较大的经济损失。

【症　状】草莓青枯病发病初期，草莓植株下部叶片1 ～ 2片凋萎脱落，叶柄变为紫红色，植株发育不良。随着病情发展，部分叶片突然失水，叶片不失绿而萎蔫下垂，烫伤状，烈日高温下更为严重。初染呈铁锈色斑点，随着病情发展，叶片逐渐变为褐色（图6-68）。起初2 ～ 3天植株只在中午会出现萎蔫症状，夜间或雨天尚可恢复，4 ～ 5天后夜间也萎蔫，且不可恢复，基部叶片逐渐凋萎脱落，最终整株植物逐渐枯萎死亡。将病株根茎部横切，可发现维管束明显变褐（图6-69），湿度高时可挤出乳白色菌脓，严重时根部变色腐败，可嗅到酸臭气味。

图6-68 叶部症状

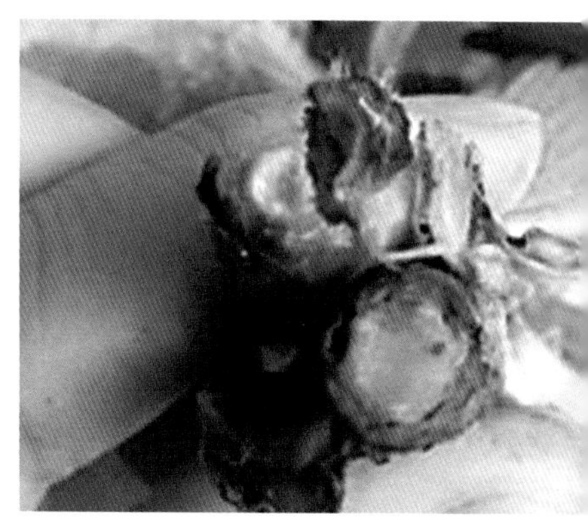

图6-69 维管束变为褐色

【病　原】草莓青枯病病原为青枯假单胞菌（*Ralstonia solanacearum*），属薄壁菌门劳尔氏菌属。菌体呈短杆状，单细胞，两端圆，大小为（0.9 ~ 2.0）微米 ×（0.5 ~ 0.8）微米，极生鞭毛1 ~ 3根，革兰氏染色阴性。

【发病规律】草莓青枯病是土传病害，病原腐生能力很强，可随病残体在土壤中或草莓植株上越冬，主要通过土壤、雨水、灌溉水、病株或农事操作进行传播。该病具有潜伏侵染特性，有时可潜伏长达10个月以上。发病适宜温度25 ~ 35℃，月平均气温低于10℃很少发病，湿度小于40%病害不传播。病原可从害虫或农事操作造成的根部伤口侵入，在植物的维管束中繁殖，进而扩散到植株上部和下部。久雨或大雨后突然转晴易引发病害显症。地面温度高、田间湿度大易引起该病发生，重茬、种植密度过大、偏施氮肥、地势低洼、排水不良、黏性土壤、土质偏酸的地块发病较重。

【防治方法】

（1）农业防治　实施水旱轮作，避免与茄科作物轮作。使用营养钵育苗，避免根部损伤。高垄或半高垄栽培，避免平畦栽培。合理密植，避免种植密度过大，影响通风透光。采用滴灌或膜下暗灌，避免大水漫灌，雨后及时排水，防止积水和土壤过于干燥或潮湿。及时清除老叶、病叶，发现病株及时拔除，带出田外集中销毁，收获后及时清洁田园。

适时通风，降低棚室内湿度。合理施肥，施用充分腐熟的有机肥，适当施用磷、钾肥，避免氮肥施用过多。

（2）生物防治　发病初期，可选用72%农用硫酸链霉菌粉剂3 000倍液喷施或浇灌，每7 ~ 10天使用1次，连续使用2 ~ 3次。

（3）物理防治　参见本章草莓根腐病物理防治方法。

（4）化学防治　发现病株及时拔除，并及时在病穴灌注20%石灰水或2%甲醛溶液消毒。发病初期，可选用47%春雷・王铜可湿性粉剂600 ~ 800倍液、72.7%霜霉威盐酸盐水溶性液剂800 ~ 1 000倍液喷施或浇灌，每隔7天施用一次，连续施用2 ~ 3次。注意轮换交替用药，避免产生抗药性。

草莓细菌性角斑病　细菌性病害

草莓细菌性角斑病又称细菌性叶斑病、角状叶斑病，是国内的一种细菌性检疫病害。发病严重时，对草莓产量和品质产生显著影响，可造成较大经济损失。

草莓细菌性角斑病的症状和防治方法

【症　状】草莓细菌性角斑病主要危害叶片（图6-70），也可危害果柄、花萼和匍匐茎。发病初期，叶片下表面出现水渍状、红褐色、形状不规则病斑（图6-71），病斑扩大时受细小叶脉所限呈角状。病斑常在叶尖或叶缘处，照光呈透明状，但以反射光看时呈深绿色。后期病斑逐渐扩大后融合成一片，渐变淡红褐色而干枯（图6-72），叶片发病后常干缩破碎，发病严重时植株生长点变

图6-70　叶部症状

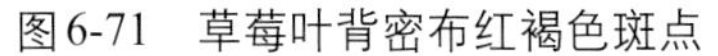
图6-71　草莓叶背密布红褐色斑点

图6-72　发病后期叶部症状

黑枯死。湿度大时叶背可见溢出的菌脓，干燥条件下菌脓形成一层薄膜。

【病　原】草莓细菌性角斑病病原为草莓黄单胞菌（*Xanthomonas fragariae*），属薄壁菌门黄单胞杆菌属。菌体短杆状，大小为（0.4 ～ 0.6）微米 ×（1.0 ～ 2.9）微米。具有1根单端极生鞭毛，革兰氏阴性，专性好氧。

【发病规律】草莓细菌性角斑病可随草莓繁殖材料的引进而迅速传播，病原在种子或土壤里及病残体上越冬。播种带菌种子，幼芽未萌出土壤即染病，致幼苗不能出土，有的虽能出土，但出土后不久即死亡。草莓细菌性角斑病在草莓育苗期偶有发生，定植后到开花前为发病高峰期，盛果期后发病减轻。该病可随草莓繁殖材料的引进而迅速传播，在田间通过雨水、灌溉水、害虫或农事操作造成的伤口侵入，也可从叶缘处水孔侵入。病原先侵害少数薄壁细胞，后进入维管束向植株上下部扩展。发病适温25 ～ 30℃。高温多雨、灌水过量、连作、地势低洼、排水不良、人为伤口或虫伤多、偏施氮肥易造成病害严重发生。保护地栽培发病率低于露地栽培。品种间发病程度差异明显。

【防治方法】

（1）加强检疫　严防疫区的种子、种苗或病果传入无病区。

（2）农业防治　选用抗病优良品种，如京藏香、四季、桃熏等。加强水肥管理，增强植株抗病能力。采用滴灌或膜下暗灌，避免大水漫灌，雨后及时排水，避免积水。合理施肥，适当调整氮、磷、钾肥的比例，避免氮肥施入过多。保护地栽培及时通风除湿，避免棚室内湿度过高。及时清除病叶、老叶，发现病株及时拔除，带出田外集中妥善处理，收获后及时清洁田园。

（3）生物防治　发病初期，可选用3%中生菌素可湿性粉剂600倍液、72%农用硫酸链霉素3 000 ～ 4 000倍液喷施，每7天喷施1次，连续喷施2 ～ 3次。

（4）化学防治　发病初期，可选用2%农抗120水剂200倍液、47%春雷·王铜可湿性粉剂500倍液或20%噻菌酮500倍液进行叶面喷施，每7天喷施1次，连续防治2 ～ 3次。

草莓病毒病　病毒性病害

草莓病毒病在草莓苗期及生长期均可发生，对草莓生产危害严重，可造成植株早衰、减产和品质下降，严重时可导致草莓大幅度减产，甚至绝产，但是由于其具有潜伏侵染的特点，草莓植株不能很快表现症状，在生产上常被忽视。

【症　状】草莓受单体病毒侵染，往往症状不明显，被复合侵染后，主要表现植株长势衰弱，退化，新叶展开不充分，叶片小，无光泽，失绿变黄（图6-73）、皱缩扭曲（图6-74），植株生长矮化（图6-75），繁殖率下降，果实变小，产量和品质下降等。常见的草莓病毒病症状类型主要有以下5种：

（1）草莓斑驳病毒病　单独侵染时，草莓无明显症状，与其他病毒复合侵染时，可致草莓植株严重矮化，叶片变小，产生褪绿斑，叶片皱缩扭曲（图6-76）。

图6-73　叶片失绿变黄

图6-74　叶片皱缩扭曲

图6-75　植株矮化

图6-76　草莓斑驳病毒病叶部症状

（2）草莓轻型黄边病毒病　单独侵染时，草莓植株稍微矮化，复合侵染时引起叶片黄化或失绿，老叶变红，植株矮化明显，叶缘不规则上卷，叶脉下弯或全叶扭曲（图6-77）。

（3）草莓镶脉病毒病　单独侵染时无明显症状，复合侵染后叶脉皱缩，叶片扭曲，同时沿叶脉形成黄白色或紫色病斑，叶柄也有紫色病斑，植株极度矮化，匍匐茎发生量减少（图6-78）。

图6-77　草莓轻型黄边病毒病叶部症状

图6-78　草莓镶脉病毒病叶部症状

（4）草莓皱缩病毒病　侵染草莓后，可致草莓植株矮化，叶片产生不规则褪绿斑，扭曲变形，变小，匍匐茎数量减少，幼叶黄化、皱缩畸形，叶柄缩短；与草莓斑驳病毒复合侵染，植株严重矮化（图6-79）。

（5）草莓潜隐环斑病毒病　对多数栽培品种不表现明显症状，但在感病品种上可引起不同程度的叶片黄化、斑驳、畸形，植株早衰、矮化，甚至死亡（图6-80）。

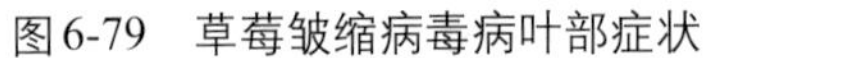

图6-79　草莓皱缩病毒病叶部症状

图6-80　草莓潜隐环斑病毒病叶部症状

【病　原】引起草莓病毒病的病原有60余种，其中分布较广、危害严重的主要有5种草莓斑驳病毒（*strawberry mottle virus*，SMoV）、草莓轻型黄边病毒（*strawberry mild yellow edge virus*，SMYEV）、草莓镶脉病毒（*strawberry vein band virus*，SVBV）、草莓皱缩病毒（*strawberry crinkle virus*，SCV）、草莓潜隐环斑病毒（*strawberry latent ringspot viurs*，SLRSV）。

【发病规律】草莓斑驳病毒为半持久性蚜传病毒，主要通过草莓钉毛蚜等昆虫进行传播，可通过机械接种（汁液）、嫁接传播，但是种子不能传毒，植株互相接触也不能传毒。

草莓轻型黄边病毒为持久性蚜传病毒，主要通过草莓钉毛蚜等昆虫进行传播，但是病毒在媒介昆虫体内不能复制，也不能通过媒介后代进行传递，不能通过机械接种（汁液）传播，但是可通过注射病毒汁液进行接种传播，植株间接触不可传毒，种子和花粉也不能传毒。

草莓镶脉病毒为半持久性蚜传病毒，可通过草莓钉毛蚜等昆虫进行传播，也可通过嫁接传播，但是该病毒不能在传播媒介中复制，无法通过传播媒介后代传递，不能通过机械接种（汁液）传播，种子和花粉无法传毒。

草莓皱缩病毒为持久性蚜传病毒，可通过草莓钉毛蚜等昆虫进行传播，能够在介体昆虫体内繁殖，可通过机械接种（汁液）、嫁接进行传播，但是植株相互接触不能传毒，种子和花粉也不能传毒。

草莓潜隐环斑病毒主要通过长剑线虫进行传播，其成虫和若虫都可传播病毒，该病毒也可通过机械接种（汁液）、嫁接进行传播，种子也可传毒。

【防治方法】草莓病毒病一经传染，病情逐年加重，单一采用药剂防治很难奏效，必须采取综合防治措施才能取得较好效果。

（1）加强监测　加强病情调查和监测，重点调查长势衰弱、失绿变黄、皱缩扭曲、植株矮化等疑似症状的植株，有条件的建议运用PCR技术和病毒病快速检测试纸等相关检测手段和方法对原种、原原种进行相关检测。

（2）农业防治　加强栽培管理。注意田间卫生，及时清除草莓地的枯枝落叶，做好田间排灌和中耕除草工作；增施有机肥料，合理施用化学肥料，以促进草莓健壮生长；加强田间检查，一经发现病株立即拔除；经常发病的果园彻底铲除草莓植株，适当轮作或休耕。

（3）生物防治　发病初期喷洒1%香菇多糖水剂每亩150～250毫升或2%氨基寡糖素水剂300～450倍液，对草莓病毒病有一定的抑制作用，也可喷施10%宁南霉素可湿性粉剂1 000倍液，每隔7天1次，连续喷施2～3次，注意轮换用药。

（4）化学防治　发病初期可喷施20%盐酸吗啉胍铜可湿性粉剂4 000倍液，每隔7天喷施1次，连续喷施2～3次。

（5）传毒介体防治　从苗期开始防治蚜虫，尤其是高温干旱年份要注意及时喷药治蚜，可用10%宁南霉素可湿性粉剂1 000倍液、10%吡虫啉可湿性粉剂1 000倍液或25%噻虫嗪水分散粒剂1 500倍液，注意轮换用药及农药安全间隔期，以免产生抗药性和药害。

疑为线虫传播病毒的草莓园，可用35%威百亩水剂进行土壤熏蒸处理，也可在6～8月进行日光高温消毒，杀死土壤线虫，防止线虫传毒。

草莓根结线虫病　线虫性病害

危害草莓的根结线虫主要有北方根结线虫（*Meloidogyne hapla*）及南方根结线虫（*Meloidogyne incognita*），这2种线虫均属线虫门色矛纲小杆目根结科根结线虫属，在我国分布广泛。

【危害特点】草莓植株受根结线虫危害后（图6-81），根上部症状主要表现为缺水、缺肥状，生长缓慢，基部叶片变黄萎蔫，提前脱落，叶缘焦枯，开花较正常延迟，果实生长缓慢。果实进入到成熟期后，植株表现出严重干旱似的萎蔫，轻者病株虽能结果但果实小，成熟晚，重者慢慢干枯死亡。根下部症状主要表现为，植株根部有大小不等的根结，剖开病部组织可见其内部有细小的乳白色虫，受害植株根系侧生营养根增生，根系不发达，整个根系形成乱发似的须根团。

图6-81　草莓植株受害状

【形态特征】

(1) 北方根结线虫

成虫：雌成虫体型呈梨形或椭圆形，颈部短，口针纤细、发达。口针基球小、近圆形，与基杆部有明显界限。头区大、无环纹。会阴花纹呈圆形至卵圆形，背弓中等高或低平，线纹平滑至波浪形，侧区一侧或两侧延伸形成翼状，尾端有刻点；肛区无突起。雄成虫体型较短，头冠圆、高，头区无环纹，整个轮廓外突，与体区分界较明显；口针基球球状，与基杆界限明显；尾端光滑钝圆，侧尾线口位于泄殖腔附近，交合刺略弯曲。

幼虫：二龄幼虫蠕虫形，细长，两端渐细，但尾端比头端细。头冠圆、窄；口针明显，口针基球圆形，与基杆分界不明显。尾细长，多数尾部有缢缩，末端透明区薄，界限不明显。

(2) 南方根结线虫

成虫：雌性线虫球形或梨形，大小为（0.44 ~ 1.59）毫米 ×（0.26 ~ 0.81）毫米，口针较粗，微微向背部弯曲，基部呈球形或扁圆形，锥部微微向背部弯曲。侧区表现不明显，有一些弯向阴门的线纹。背食道腺开口于口针基部后3微米处，排泄孔位于食道腺中部。雄性线虫呈蠕虫形，线状，尾端稍圆，无色，透明，大小为（1.0 ~ 1.5）毫米 ×（0.03 ~ 0.04）毫米；虫体粗大、体型较长，虫体上体环明显；精子呈圆形，交合刺长约30微米，无交合伞，微微腹弯，末端钝圆。

幼虫：细长蠕虫状，尾部透明，尾的末端钝圆，尾部有1 ~ 2个较为明显的缢缩。

【生活史及习性】根结线虫主要以卵和二龄幼虫越冬，卵在卵囊内越冬，幼虫在根结、病果内越冬，可存活1 ～ 3年。当平均地温达到11.3℃时卵开始孵化，达到12℃时，幼虫就能从根端侵入，刺激根细胞增生，形成瘤状根结（虫瘿），线虫在虫瘿内吸食草莓根系汁液。条件适宜时25 ～ 30 天可发生1代，1年可发生数代。根结线虫可借助混有病株残体的农家肥进行近距离传播，也可借助病果进行远距离传播，可借助雨水、灌溉水等形成的地表径流及农事操作进行扩散传播。管理粗放、早播、重茬、盐分低、土壤干旱的地块易发生严重，晚播、轮作地块发生轻，通气良好、质地疏松的沙壤土发病重，黏性土壤发病轻。幼虫侵入最适土壤含水量为70%，含水量20%以下或90%以上均不利于根结线虫侵入。根结线虫生长发育的最适土壤温度为25 ～ 30℃，土温10℃以下幼虫停止活动，55℃经10分钟即死亡。

【防治方法】

（1）*农业防治*　无病土育苗；选择抗病品种；及时清洁田园，彻底清除病残体，带出田外集中销毁；合理轮作，发病重的地块应进行2 ～ 3年轮作，有条件的可进行水旱轮作，可有效抑制根结线虫发生；使用旋耕机深翻改土，将含病残体的土层深埋；合理施肥，施肥时有机肥和无机肥合理搭配；科学灌溉，使土壤保持适当湿度，避免土壤缺水干旱。

（2）*物理防治*　利用日光高温消毒，在6 ～ 8月，前茬拉秧后，仔细清除残株杂草，深翻、破碎土团，均匀撒施长度为3 ～ 5厘米的碎稻草或麦秸（每亩500千克）、生石灰（每亩500千克），在均匀悬耕后灌水、覆膜，将四周压实，最后密闭棚室10 ～ 15天，如遇持续阴雨天气，则延长至20 ～ 30天，以提高地温，增强效果。

（3）*生物防治*　土壤处理并结合灌根防治。定植前每平方米用1.8%阿维菌素1 ～ 1.5毫升，稀释3 000倍浇灌，然后再打垄作畦，草莓定植后30天、60天可再结合1.8%阿维菌素1 000倍液各灌根1次。

（4）*化学防治*　土壤处理并结合灌根防治。定植前每平方米用10%噻唑啉颗粒剂每亩1.5 ～ 2千克穴施，然后再打垄作畦。用35%威百亩水剂熏蒸处理，在盛夏高温季节（6 ～ 8月），棚室空闲期间，清除残株杂草，翻耕土壤并开沟，沟深16 ～ 30厘米，间距24 ～ 30厘米，每亩用35%威百亩30千克，兑水500千克均匀浅施沟内，随即盖土，覆膜，整个棚室全部密闭15天后揭膜，翻耕透气5天后，每亩施入腐熟有机肥3 000 ～ 4 000千克。

沟金针虫 取食根、茎、果肉地下害虫

沟金针虫（*Pleonomus canaliculatus* Faldermann）属昆虫纲鞘翅目叩头虫科，又称为沟叩头虫、沟叩头甲、土蚰蜒、钢丝虫。

【危害特点】主要以幼虫在土壤中取食草莓植株的根茎，危害主根、须根，被害部位不完全被咬断。也可将身体钻入茎内，使植株萎蔫枯死，造成缺苗断垄，甚至全田毁苗。幼虫也可钻入草莓果实危害（图6-82），取食果肉，在果实上造成孔洞，使草莓失去商品及食用价值。

图6-82 沟金针虫幼虫及草莓果实受害状

【形态特征】沟金针虫雌雄异型，体型差异很大。

雌成虫：体长20～27毫米，宽4～5毫米；背面拱隆，细长，呈圆筒形，体色棕红至深栗褐色，体表密被金黄色半卧细毛；头、胸部的毛比较长，鞘翅上的毛比较短；触角、前胸背板两侧、鞘翅侧缘、足均为红棕色，前胸和鞘翅盘区色泽较暗；前胸背板长明显大于宽，侧边直，略向前端收窄，无边框，或仅有较细的脊纹，基部比鞘翅窄，后角较尖锐，无隆脊，表面拱凸，刻点粗密；小盾片略呈心形；前胸发达，前窄后宽，中部有细小纵沟，鞘翅不明显，末端钝圆，翅面略具沟痕。

雄成虫：较为瘦狭，背面扁平，体长19～22毫米，宽3毫米，触角丝状细长，约与体等长。共有12节，第一节粗，棍棒状，略弯，第二节短小，第三至六节明显变长而宽扁，节长为宽的3～4倍，第三、四节长度比第五、六节短，自第六节起将向端部逐渐变细变长，末节顶端尖锐；鞘翅狭长，两侧近乎平行，端前收窄，末端略尖；足细长，各足腿节长出体侧很多（图6-83）。

幼虫：老熟幼虫体长20～30毫米，宽4毫米，体金黄色，稍扁平，体壁坚硬而光滑，体表有微细毛，侧面稍多；头扁平；胸、腹部背面中央呈一条细纵沟；尾端分叉并略向上弯曲，各叉内侧都有1个小齿；尾

图6-83　成　虫

图6-84　幼　虫

节黄褐色，每侧外缘各有3个角状突起，末端分两叉，叉内各有1个小齿(图6-84)。

【生活史及习性】2～3年发生1代，世代重叠现象严重，以幼虫和成虫在地下20～80厘米处越冬。具有冬眠、夏眠的生活习性。越冬代成虫，白天潜伏于土壤表层，夜间出土交配产卵。幼虫老熟后于土层内做土室化蛹。有昼伏夜出习性，成虫羽化后当年不出土，在土里原蛹室越冬，第二年开始危害。春季雨水多，表土湿润，则有利于其发生，反之，若遇春旱、表土缺水，则不利于其活动，危害轻。雌虫无飞翔能力，有假死性，雄虫飞翔力强，有趋光性。3～6月为产卵期。沟金针虫喜在连作地、杂草多、氮肥过多、行间郁闭、通风透光差、施用未腐熟有机肥、土壤疏松、透气性好的土壤中活动。

【防治方法】

(1) 农业防治　合理轮作；施用的堆肥、厩肥必须充分腐熟，避免将幼虫和虫卵带入菜田。

(2) 物理防治　用杀虫灯诱杀成虫。

(3) 化学防治　用土壤药剂处理。定植起垄前，用5%辛硫磷颗粒剂与细土混合均匀，沟施或穴施，每亩用药1～1.5千克，混入细土15～20千克，或用50%辛硫磷乳油1 000倍液灌根。

茶黄蓟马 取吸叶片、花器、果实

茶黄蓟马（*Scirtothrips dorsalis* Hood）属昆虫纲缨翅目蓟马科，又称为茶叶蓟马、茶黄硬蓟马，在我国主要分布在广东、广西、浙江等南方省份，北方亦有少量分布。寄主植物近百种，主要危害茶叶、草莓等作物。

【危害特点】 茶黄蓟马以锉吸式口器取食草莓的叶片、花器（图6-85）和果实。叶片受害，皱缩卷曲，严重时部分叶片变成黑色，并以近叶柄处叶脉间表现更为明显；当花朵受害后，花粉或子房被蓟马取食，花朵正常的授粉受阻，雌蕊变成褐色，花蕾不能正常开放，花朵畸形，花瓣受害萎蔫脱落，无法结果；果实受害难以膨大，易形成僵果，果实表面呈茶褐色。茶黄蓟马取食危害过程中还可传播多种病毒，对草莓生长造成损害。

图6-85　草莓花器受害

【形态特征】

雌成虫：体长约0.9毫米，体色黄色，触角和翅颜色较暗。头宽约为长的两倍，比前胸短，头背部有较多的细横线纹，单眼呈扁三角形排列于复眼间中后部，复眼暗红色。触角8节，第一节黄色，第三至五节最基部颜色较淡。前翅橙黄色略带灰色，近基部似有一小淡色区。腹部第三至八节背片中部有灰暗斑，另有暗色前脊线。体鬃暗色，足黄色，前足较短粗，各有跗节2节。

雄成虫：体态与雌虫相似，但体型较雌虫小，体长约0.7毫米。触角8节。前胸宽大于长，背片布满细密的横纹。腹部各节暗斑和前缘线常不显著。

卵：肾形，长约0.2毫米，初期乳白，半透明，后逐渐变为淡黄色。

若虫：有4个龄期。一龄若虫白色透明，复眼红色，触角粗短，虫体包括头、3个胸节、11个腹节；在胸部有3对结构相似的胸足，没有翅芽，头、胸约占体长的一半，胸宽于腹部。二龄若虫体长0.5 ~ 0.8毫米，淡黄色，触角第一节淡黄色，其余暗灰色，中后胸与腹部等宽，头、胸长度略短于腹部长度。三龄若虫黄色，复眼灰黑色，触角第一、二节大，

第三节小，第四至八节渐尖，具有发育完好的胸足，具有翅芽和发育不完全的触角。翅芽白色透明，伸达第三腹节，身体变短，触角直立，少动，又称前蛹。四龄若虫黄色，复眼前半部分红色，后半部分黑褐色，在头部具有发育完全的触角、扩展的翅芽及伸长的胸足，触角倒贴于头及前胸背面，翅芽伸达第四腹节（前期）至第八腹节（后期），又称为蛹。

【生活史及习性】茶黄蓟马的生活史因各地温度不同而有所差异，在我国南方，四川1年发生10～15代，广州1年可发生10～11代，5～10月10～21天即可完成1代。在广东、贵州等南方偏南地区茶黄蓟马无明显越冬现象，12月至翌年2月冬季仍可在嫩梢上找到成虫和若虫，但在浙江、江西等偏北地区，可以成虫在花朵中越冬。温室内全年无越冬现象。温度低于5℃时，若虫、成虫静伏于芽缝或植株裂缝内，气温回升后又出来活动。成虫常产卵于叶背叶肉内，叶表皮留下肉眼不易察觉的小点。若虫孵化后在嫩芽或嫩叶背面锉吸汁液取食，以二龄时取食最多，三龄若虫行动缓慢，较少取食危害，钻入土壤缝隙、植株残体中准备化蛹，三龄若虫蜕皮后即为蛹。蛹在植株下部或近土面枯叶下。成虫活泼，善于爬动和作短距离飞行，阴凉天气或早晚在叶面活动，太阳直射时，栖息于植株下层荫蔽处。虫害发生严重，虫口密度大时，成虫、若虫也可在叶正面危害。在北方，如山东等地，茶黄蓟马有明显的越冬现象。以拟蛹在植株残体、枯枝落叶、土壤缝隙中越冬。成虫羽化后逐渐扩散到草莓叶片背面取食危害并产卵。成虫无趋光性，畏强光，多在叶片背面及叶、花、果等隐蔽处或其他背光部位活动，在弱光的早、晚或阴天，也在光面活动。对黄、蓝、绿色有趋性，对蓝色和绿色趋性较强。阴天全天活动，雨天或低温的天气，活动性较差，雨后天晴则特别活跃。

【防治方法】

（1）*农业防治* 清除菜田及周围杂草，减少越冬虫口基数；保证良好的灌溉条件；及时摘除虫叶，带出田外集中销毁。

（2）*物理防治* 利用蓝色或黄色粘虫板对茶黄蓟马进行诱集，效果较好。每亩挂20～30块，粘虫板下边距植株顶端15～20厘米，并随作物生长提高悬挂高度。

（3）*生物防治* 利用天敌捕食螨可有效控制茶黄蓟马的数量。如在温室中发现茶黄蓟马，及时释放巴氏钝绥螨或黄瓜新小绥螨每亩20 000头，每月一次，可有效控制危害，注意释放前7天及释放期间不得使用农药。虫量较低时，也可使用1.8%阿维菌素乳油每亩60毫升进行叶面喷施，同时注意保护利用小花蝽、捕食螨、寄生蜂等天敌昆虫。

（4）化学防治 虫量较低时，使用2%氨基阿维菌素苯甲酸盐乳油每亩20 ~ 30克进行喷雾防治。发生严重时，可使用6%乙基多杀菌素每亩20毫升进行叶面喷施。对于周边有寄主树木的草莓园区，还需在草莓园区周围的地面和树干喷施氰戊菊酯3 000倍液，发现茶黄蓟马即喷施，每个月喷施1次，连续喷施2 ~ 3次。使用农药时，一要注意不同的农药交替使用以削弱其抗药性，二要注意喷施时除植株要喷匀外，地面也要喷施，因为有部分老熟幼虫在土壤中化蛹。

烟蓟马 取食叶片、花器、果实

烟蓟马（*Thrips tabaci* Lindeman）属昆虫纲缨翅目蓟马科，又称为葱蓟马、棉蓟马，我国绝大多数地区均有分布。为多食性害虫，寄主植物广泛，目前已知的多达300余种。

【危害特点】参见本章茶黄蓟马危害特点。

【形态特征】

成虫：体长1.0 ~ 1.3毫米，暗黄色至淡棕色，体色和大小均与外界环境温度有关。触角7节。头宽大于长。单眼间鬃较短，在前单眼之后，位于3个单眼中心连线之外缘。前胸稍长于头，后角有2对长鬃。腹部第二至八节背片前缘有栗棕色横条，横条中间宽，两端略细。翅淡黄色，狭长，翅脉稀少，翅的周缘有较长的缨毛（图6-86）。

图6-86 成 虫

卵：初期肾形、乳白色，后期卵圆形、黄白色，可见红色眼点。

若虫：共4龄，各龄体长分别为0.3 ~ 0.6毫米、0.6 ~ 0.8毫米、1.2 ~ 1.4毫米、1.2 ~ 1.6毫米（图6-87）。

【生活史及习性】烟蓟马主要以成虫越冬，少数以若虫或蛹在寄主叶鞘内侧、土块下、土壤里、枯枝落叶上越冬。1年发生8 ~ 10代，发生代数因地而异，华北地区每年大约发生8代，西南及华东地区可发生

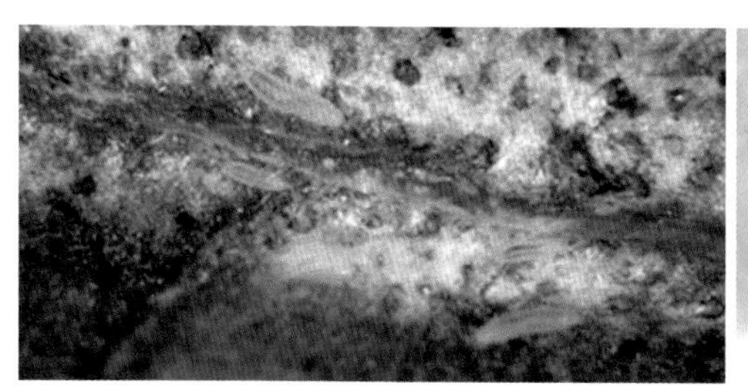
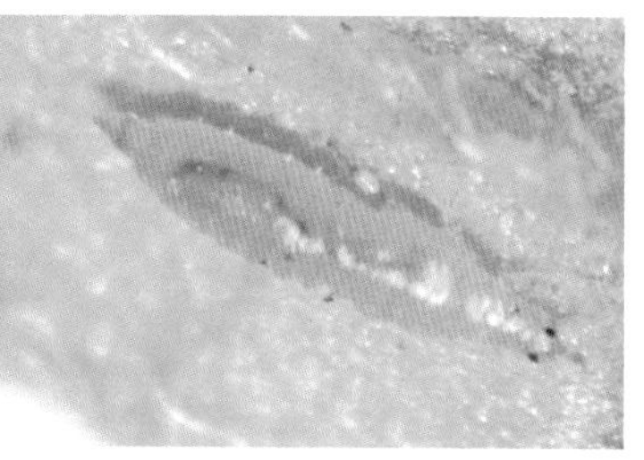

图6-87 若 虫

10代，温室内可全年发生。成虫可借助风力远距离传播。气候是影响烟蓟马发生的主要条件，高温干燥有利于烟蓟马的发生。烟蓟马成虫极其活跃，飞行能力强,多在上午9时前和下午4时后聚集在叶片正、背面危害，白天则躲藏于叶脉基部。二龄若虫后期常转入地下，在土表中经历前蛹及蛹期。初孵幼虫集中在叶基部危害，稍大即分散活动。温度23 ~ 25℃，相对湿度44% ~ 60%有利于烟蓟马发生，高温高湿则不利于其生长发育。多雨季节也可减少烟蓟马的发生，雨后土壤板结，若虫不能入土，在土里的蛹也不能羽化出土。

【防治方法】参见本章茶黄蓟马防治方法。

花蓟马 取食叶片、花器、果实

花蓟马（*Frankliniella intonsa* Trybom）属昆虫纲缨翅目蓟马科，又称为台湾蓟马。我国南北方多省均有分布，除危害蔷薇科草莓外，还可危害葫芦科、茄科、豆科及十字花科的多种蔬菜和粮、棉等作物。

【危害特点】花蓟马危害特点与茶黄蓟马相似（图6-88、图6-89）。

图6-88 草莓花器受害

图6-89 雌蕊变褐

【形态特征】

成虫：体长约1.3毫米，体褐色略带紫色，头、胸部黄褐色；触角较粗短，通常第三节触角长为宽的2.5倍，并在前半部有一横向略隆起的脊，第三、四节基部黄褐色，第一、二、五节（基部除外）及六至八节灰褐色；头比前胸短，后部背面皱纹粗，颊两侧收缩明显；头顶前缘在两复眼间较平，中央稍突出。前翅较短较宽，前脉鬃20 ~ 21根，后脉鬃14 ~ 16根。第八腹节背面后缘梳完整，齿上有细毛。头、前胸、翅脉及腹端鬃较粗壮，黑色。

若虫：二龄若虫体长约1毫米，基色黄色，复眼红色；触角7节，第三、四节最长，除第一、二节端部、第三节两端、第四节基部呈淡白色外，其余部分灰色，第三节有覆瓦状环纹，第四节有环状排列的微鬃；头、胸约占体长1/3，前胸腹面，中后胸的背、腹面、腹部（第九、十节除外）背、腹面的体表每节均有竖排微颗粒；体鬃较长，以第七至十节背鬃较长，胸、腹部背面体鬃尖端微圆钝，第九腹节后缘有一圈清晰的微齿。

【生活史及习性】花蓟马以成虫越冬。成虫有趋花性。成虫靠飞翔、若虫靠迅速爬行不断转移场所危害与繁殖；成虫可作较远传播，若虫只能到相邻花内取食。初孵若虫极其幼嫩，易失水死亡，因此怕光照，只能在阴暗地方活动。卵大多产于花朵植物组织中，如花瓣、花丝、花柄等处，以花瓣上产卵最多。花蓟马发生严重时，花朵尚未开放即可受害。通常每雌产卵180粒，产卵历时20 ~ 50天。温暖干旱的天气有利于花蓟马发生。在日光温室可周年发生，并在其中繁殖越冬，一般1年发生15 ~ 20代；春秋棚6月初发生，一直到草莓拉秧均可危害。

【防治方法】参见本章茶黄蓟马防治方法。

西花蓟马 取食叶片、花器、果实

西花蓟马［*Frankliniella occidentalis*（Pergande）］属昆虫纲缨翅目蓟马科，又称为苜蓿蓟马，是一种世界性的重要农业害虫。为多食性昆虫，寄主范围广，目前已知可危害60多个科500余种寄主植物，包括多种蔬菜、水果和花卉。

【危害特点】西花蓟马对草莓叶、花和果实造成的危害与花蓟马类似。此外，西花蓟马将卵产在植物表皮内，卵孵化后形成的伤口，可为病原侵染提供便利，造成危害。

【形态特征】

成虫：一般小于2毫米，平均体长1.5毫米。虫体纤细、腹面平滑，翅窄，翅前缘缨毛显著短于后缘缨毛。体色淡黄色至褐色，触角8节，单眼3个，呈三角形排列，具有1对复眼。

卵：肾形，表面光滑柔软，黄色或灰白色，不透明，长约550微米，宽约250微米。

若虫：一龄若虫个体较小，刚孵化时为白色或半透明色，随着生长，虫体逐渐变大，颜色变深，蜕皮前由橙黄色变为黄色（图6-90）。

图6-90 若 虫

预蛹：白色，身体变短，具有翅芽及发育不完全的触角。触角前伸，翅芽短，具有发育完好的胸足。预蛹一般不食不动，只有在受惊时才会缓慢移动。预蛹蜕皮后成为蛹。

蛹：头部具有发育完全的触角，触角在背面向后弯曲，翅芽较长，超过腹部一半。虫体同成虫大小。

【生活史及习性】西花蓟马发育迅速，繁殖能力极强，个体极小，极具隐匿性。温室条件下，1年可连续发生12 ~ 15代，雌成虫可进行孤雌生殖和两性生殖。可适应的温度范围广，发育适温15 ~ 35℃，从卵到成虫只需要14天左右的时间，27.2℃最适合产卵，一只雌虫可产卵229个。常在土壤中化蛹，有时也在花中化蛹。成虫能飞善跳，喜阴、喜干燥、怕强光，多在背光场所集中危害。对蓝色、黄色、白色均有趋性，对蓝色趋性最强。只能在幼虫期获得病毒，病毒在其体内繁殖，到成虫期才可传毒，一旦带毒，即具有终生传毒能力。农事操作、人工携带等人为因素是造成其远距离扩散的主要方式。

【防治方法】参见本章茶黄蓟马防治方法。

东方蝼蛄 咬断根茎

东方蝼蛄（*Gryllotalpa orientalis* Burmeister）属昆虫纲直翅目蝼蛄科蝼蛄属。在我国各省均有分布，属于多食性害虫，食性很杂。除危害草莓外，还可危害禾本科、十字花科、茄科、百合科、葫芦科等多种作物。

【危害特点】东方蝼蛄主要危害草莓根系及茎部，可将草莓根茎咬断，导致植株凋萎死亡；此外，成虫和若虫多在地下活动，可将土表窜出许多隧道，使草莓幼苗根部脱离土壤，失水枯萎死亡，造成缺苗断垄。

【形态特征】

成虫：体长30 ~ 35毫米，灰褐色，全身密布细毛。头圆锥形，触角丝状。前胸背板卵圆形，中间具一明显的暗红色心形凹陷斑。前翅灰褐色，较短，仅覆盖至腹部中部。后翅扇形，较长，超过腹部末端。腹部颜色较浅，腹部末端具1对尾须（图6-91）。

图6-91　东方蝼蛄

卵：椭圆形，初产时长约为2.8毫米，宽约为1.5毫米，乳白色，有光泽，后逐渐变为黄褐色，孵化前变为暗紫色或暗褐色，长约4毫米，宽约2.3毫米。

若虫：初孵若虫乳白色，体长约为4毫米，三龄以上若虫体色接近成虫，末龄若虫体长约25毫米。

【生活史及习性】在我国北方2年发生1代，在南方1年发生1代，主要以若虫或成虫在地下越冬。4月初到地表活动，进入表土层活动时，洞顶隆起一个小型墟土隧道。5月上旬至6月中旬为第一个危害盛期。6月下旬至8月下旬转入地下活动。6 ~ 7月为产卵盛期。9月到地表危害，形成第二次危害高峰。初孵若虫有群集性，怕光、怕风、怕水。该虫昼伏夜出。早春和晚秋气温较低，仅在土表层活动，中午较炎热时常下潜至深土层。成虫有强烈的趋光性，对炒香的豆饼、麦麸等香、甜物质具有强烈趋性，对马粪、有机肥等未腐烂有机物亦有趋性，具有趋湿性，尤其喜栖息在松软潮湿的壤土或沙壤土中。

【防治方法】

（1）农业防治　合理施肥，施用充分腐熟的农家肥；有条件的可实行水旱轮作。

（2）物理防治　采用马粪诱杀，在草莓园内挖长约40厘米、长、宽均约20厘米的坑若干，内堆湿润马粪并盖草，每天清晨捕杀；也可用黑光灯诱杀成虫。

（3）化学防治　撒施毒饵进行防治，可选用秕谷、麦麸、豆饼、棉籽饼或碎玉米粒，炒香后，每千克拌入30毫升90%敌百虫30倍液或40%乐果乳油10倍液，制成毒饵，撒施于草莓园内。苗床可选用40%辛硫磷乳油每亩0.2 ~ 0.25千克随水浇灌。

华北蝼蛄　咬断根茎

华北蝼蛄（*Gryllotalpa unispina* Saussure）属昆虫纲直翅目蝼蛄科，又名大蝼蛄、拉拉蛄、地拉蛄、土狗子。主要在我国北方地区发生危害，是一种多食性害虫，除草莓外，还可危害多种水果、蔬菜和大田作物。

【危害特点】参见本章东方蝼蛄危害特点。

【形态特征】

成虫：体型较大，椭圆形，黄褐或浅黑褐色，雄成虫体长39 ~ 45毫米，雌成虫体长45 ~ 50毫米。头小，狭长。复眼小而突出，单眼2个。触角丝状。前胸背板发达，盾形，中间有光滑心形红色斑点。前翅较短，黄褐色，雄虫能鸣。后翅纵褶成条，突出腹端。前足特化为粗短结构，胫节很短。后足胫节背侧内缘有棘刺或消失。腹部近圆筒形，背部黑褐色，腹面黄褐色，腹部末端有较长尾须1对（图6-92）。

图6-92　华北蝼蛄成虫

卵：椭圆形，初产时长1.6 ~ 1.8毫米，宽1.1 ~ 1.3毫米，孵化前长2.4 ~ 2.8毫米，宽1.5 ~ 1.7毫米。初产时黄白色，逐渐变为黄褐色，孵化前呈深灰色。

若虫：形态与成虫相似，翅不发达，仅有翅芽。初孵时体乳白色，头胸极细，腹部肥大，复眼浅红色，二龄以后随龄期增长体色逐渐加深，逐渐变为浅黄色至黄褐色。

【生活史及习性】 在我国一般3年发生1代，若虫13龄，以成虫和若虫在60 ~ 120厘米深的土层中越冬。翌年春季3 ~ 4月，若虫开始上升危害，进入表土层隆起墟土隧道；4 ~ 5月危害盛期。5月下旬至6月上旬交尾产卵。产卵在卵室内，9 ~ 10月若虫经8次蜕皮后越冬，至秋季达十二至十三龄时再次越冬，第三年秋羽化为成虫越冬。初孵若虫最初较集中，后分散活动危害。地温降至25℃以下时，成、若虫开始大量取食，积累营养准备越冬，草莓受害较严重。有春秋两个危害高峰，降雨及灌溉后常使危害加重。多在夜间活动，有趋化性，对马粪等有机质具有强烈趋性。成虫虽有趋光性，但体形大，飞翔力差，灯下诱杀不如东方蝼蛄效率高。在土质疏松的盐碱地、沙壤土地发生较多。

【防治方法】 参见本章东方蝼蛄防治方法。

二斑叶螨 吸食叶片汁液并结网

二斑叶螨的识别和症状

二斑叶螨［*Tetranychus urticae*（Koch）］属蛛形纲蜱螨目叶螨科，又称为二点叶螨、白蜘蛛，是草莓生产上一种重要的农业害螨，全国各地均有分布，保护地、露地栽培均有发生，可对草莓生产造成较大经济损失。还危害葫芦科、蔷薇科、茄科等140多科的作物。

【危害特点】 幼螨、若螨、成螨在叶背吸食汁液，并结网。二斑叶螨利用其口针穿透叶肉，在刺吸时左右两个口针相互交替进入植物组织，同时注入唾液，且对叶肉细胞类型没有选择喜好性，在不破坏表皮细胞层的条件下，消耗单个细胞，导致叶面出现零星褪绿斑点（图6-93、图6-94），逐渐形成灰白色斑和红色斑（图6-95），极大影响植株进行光合作用。当虫口密度较大时，大量虫体聚集在叶片和植株顶端，形成网状物（图6-96），严重时叶

图6-93　受害叶片出现褪绿斑点（叶面）

片皱缩（图6-97），最终焦枯脱落，田块似火烧状，造成植株早衰，缩短结果期，极大影响草莓产量和品质（图6-98、图6-99）。

图6-94　危害初期叶片症状（叶背）

图6-95　受害叶片变红

图6-96　受害叶片上形成网状物

图6-97　受害叶片皱缩

图6-98　二斑叶螨在草莓叶背大量危害

图6-99　草莓心叶受害状

【形态特征】二斑叶螨在生长季节，无论雌雄成螨、若螨或幼螨，体色均为淡绿色或黄色，当虫口密度大时，种群会发生迁徙，此时体色会变为橙黄色，但绝无红色个体。营养条件越好，虫体的体色越淡，在身体两侧也各有1个黑色的大斑点，根据体色可将其与朱砂叶螨区分开，全年仅越冬虫体态为淡红色（图6-100、图6-101）。

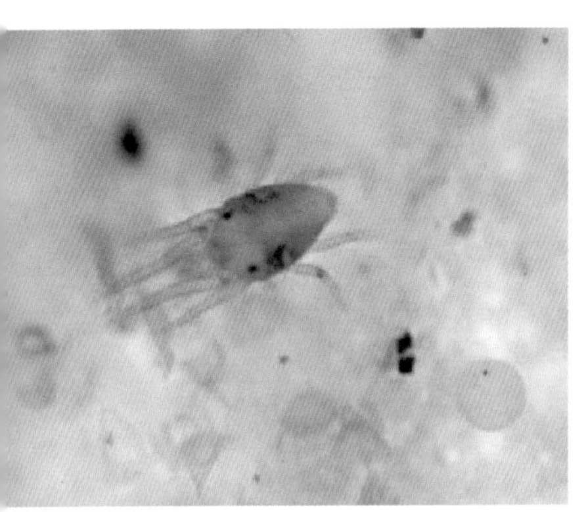

图6-100　二斑叶螨显微镜下形态

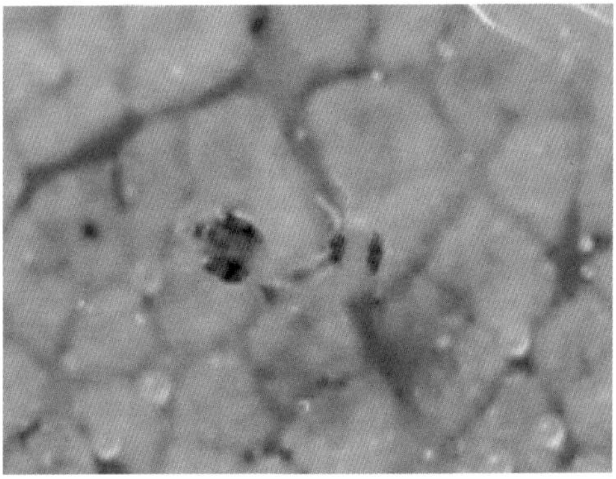

图6-101　幼螨形态

雌成螨：体型呈椭圆形，体长0.42 ~ 0.60毫米，体宽0.30 ~ 0.40毫米，越冬代的雌成螨体色为橙红色，越夏代的雌成螨体色为黄绿色或深绿色，身躯两侧各有13对背毛，躯体共有4对足，体壁两侧各有1对“山”字形黑斑。

雄成螨：体型近似菱形，较雌成螨小，体长0.30 ~ 0.40毫米，体宽0.20 ~ 0.30毫米，体色多为黄绿色或淡灰绿色，末端尖削，行动灵活且爬行速度较快，体背与雌虫不同，无明显二斑。

卵：近圆球形，有光泽，直径约0.12毫米，初产呈乳白色半透明，后期黄白色，即将孵化前可见2个红色眼点。

幼螨：体型呈半球形，体长0.15毫米，躯体两侧有3对足，刚孵化时呈透明或淡黄色，取食一段时间后呈黄绿色，眼微红，体背无斑或不显斑。

若螨：体长为0.20毫米，体型呈椭圆形，4对足，黄绿色或墨绿色，眼红色，体背两侧开始出现二斑；若螨后期体长0.36毫米，黄褐色，体型类似成螨，蜕皮后变为成螨。

【生活史及习性】越冬场所主要为植株残体、枯枝落叶、杂草的根部、土壤缝隙处。南方地区1年发生20代以上，东北地区1年发生8～12代，日光温室可周年发生，有世代重叠现象。生殖方式分为有性生殖和孤雌生殖，孤雌生殖产生的后代均为雄性。通常情况下，二斑叶螨在翌年春季开始大量繁殖产卵。4月下旬至5月上旬幼螨在叶片上蔓延危害，这时候正是幼螨繁殖最快的时期。6月上旬至7月中旬，温度较高，虫口数量迅速上升，大部分二斑叶螨都聚集在叶背面大量吸食汁液。7月下旬至8月中旬，降雨量增加、空气湿度增大、温度升高、天敌增多等多方面因素的影响下，二斑叶螨的种群密度会显著下降。9月初，种群密度进一步降低，出现雌成螨越冬现象。在植株上先危害下部叶片，逐渐向上部叶片蔓延，数量多时可在叶片尖端或嫩尖上形成螨团。二斑叶螨主要靠爬行或吐丝下垂借风力传播。温度29～31℃、相对湿度35%～55%有利于二斑叶螨生长发育。高温干旱有利于二斑叶螨发生，长期高湿条件下难以存活。

【防治方法】

（1）农业防治　清除田间杂草，消灭越冬虫源；及时摘掉下部老叶、虫叶，带出田外集中销毁。

（2）物理防治　空棚、倒茬或定植前采取高温闷棚。

（3）生物防治　发生初期利用天敌控制二斑叶螨种群数量，田间释放巴氏钝绥螨50～150头/米^{2}或智利小植绥螨3～6头/米^2；也可使用99%矿物油乳油300倍液、0.5%藜芦碱可溶液剂每亩120～140克、1.8%阿维菌素2 000～3 000倍液进行喷雾，每7天防治1次，连续防治2～3次。

（4）化学防治　发生初期可选用43%联苯肼酯悬浮剂2 000～3 000倍液、15%哒螨灵乳油3 000倍液、5%唑螨酯悬浮剂3 000倍液、10%溴虫腈3 000倍液、15%哒螨酮乳油3 000倍液、20%螨克乳油1 500倍液、8%阿维·哒乳油1 500倍液、5%噻螨酮乳油1 500倍液，重点防治下部叶片，每7天防治1次，连续防治2～3次，药剂交替使用效果更好。

截形叶螨　吸食叶片汁液并结网

截形叶螨（*Tetranychus truncatus* Ehara）属蛛形纲蜱螨目叶螨科（图6-102），是我国一种重要的农业害螨，主要分布于北京、山西、山东等地。保护地、露地栽培均可发生，可对草莓生产造成较大的经济损失。可草莓、棉花、玉米等百余种植物。

【危害特点】 截形叶螨危害特点与二斑叶螨相似（图6-102至图6-105）。

图6-102　截形叶螨

图6-103　叶片形成网状物

图6-104　叶片皱缩

图6-105　危害后期叶片焦枯

【形态特征】

雌成螨：体长0.51 ~ 0.56毫米，宽0.32 ~ 0.36毫米，背面呈椭圆形。一般呈锈红色，但在室内观察，雌成螨体色可因寄主和虫态不同而有变化，还会呈现绿色和黑色。足及颚体白色，体背两侧有暗色不规则黑斑。

雄成螨：体长0.44 ~ 0.48毫米，宽0.21 ~ 0.27毫米，背面呈菱形，淡黄色；须肢端感器长柱状，长约为宽的2.5倍，背感器梭形；足Ⅰ爪间突呈1对粗齿状，背面具有刺毛，足Ⅱ爪间突裂开为3对针状毛，背面亦具刺毛。

卵：呈圆球形，初产时无色半透明，逐渐变为淡黄色，后期逐渐加深至深黄色，孵化前可见2个红色眼点。

幼螨：体圆形或椭圆形，体背两色，有暗色不规则斑。

若螨：体圆形或椭圆形，分为第一若螨期和第二若螨期两个龄期，截形叶螨一生要经历1次孵化和3次蜕皮，在此过程中体形和体色不断变化。

【生活史及习性】 截形叶螨在我国1年发生10～20代，华北地区以雌螨在土缝中或枯枝落叶上越冬，华中地区以各虫态在多种杂草上或树皮缝中越冬，华南地区由于冬季气温高无越冬现象，北方温室可周年发生。通常情况下，截形叶螨的活动时间在翌年春季，当气温达到10℃左右时，开始大量繁殖产卵。4月下旬至5月上旬先是点片发生，然后迅速向周围扩散。在草莓植株上先危害下部叶片，后向上蔓延，繁殖数量多及大发生时，常在叶或茎的端部群聚成团，滚落地面被风刮走扩散蔓延。6月上旬至7月中旬，虫口数量迅速上升，大部分截形叶螨都聚集在叶背面大量吸食汁液。温度29～31℃、相对湿度35%～55%有利于截形叶螨生长发育，相对湿度高于70%不利于发生。高温干旱有利于截形叶螨发生，长期高湿条件下难以存活。

【防治方法】 参见本章二斑叶螨防治方法。

朱砂叶螨 吸食叶片汁液并结网

朱砂叶螨［*Tetranychus cinnabarinus*（Boisduval）］属蛛形纲蜱螨目叶螨科，又称为棉红蜘蛛、棉叶螨。全国均有分布，发生普遍。

【危害特点】 朱砂叶螨主要危害特点与二斑叶螨相似（图6-106至图6-110）。

图6-106 叶片受害

【形态特征】 成螨体色有多种，如红色、绿色、黑褐色、黄色等。身体两侧有纵向块状斑纹，雌雄个体区别大。

雌成螨：身体末端呈卵圆形，体长0.42～0.60毫米，宽约0.25毫米，体色常呈锈红色或红色，

图6-107　受害叶片出现褪绿斑

图6-108　受害叶片背面发红

图6-109　危害后期叶片症状

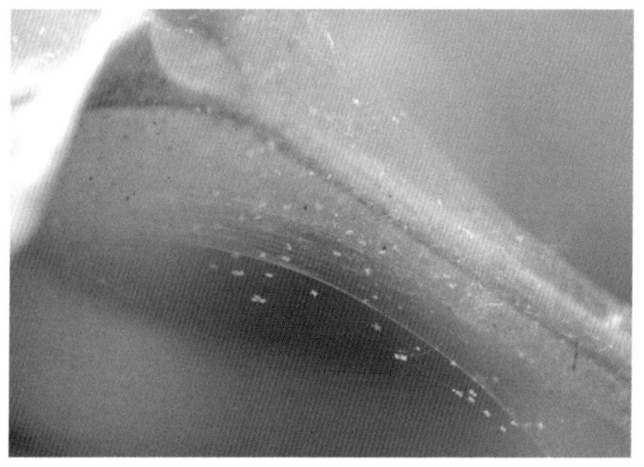

图6-110　危害后期叶柄症状

有的呈黑色，春夏活动时期，体色为黄绿色或锈红色，眼的前方淡黄色，从夏末开始出现橙红色个体，深秋时橙红色个体日渐增多，为越冬雌虫；足和体背均有长毛；背面的表皮纹路纤细，在内腰毛和内骶毛之间纵行，形成明显的菱形纹。

雄成螨：体型较小，体长约0.36毫米，长圆形，体色为黄绿色或鲜红色，在眼的前方呈淡黄色；腹部末端略尖。

卵：呈圆球形，最初透明无色，后期逐渐呈橙黄色，直径约0.13毫米。

幼螨：体长0.22 ~ 0.28毫米，宽0.16 ~ 0.18毫米，形状似圆形，有3对足，取食前后体色不一致，取食前呈半透明，取食植物汁液后变成暗绿色；背毛数与雌虫的相等，腹毛有7对。

若螨：体长约0.21毫米，体形和体色与成螨相似，但个体较小，黄绿色，虫体有非常明显的黑斑；背毛数与雌虫的相等；具有4对足。

【生活史及习性】南方地区1年可发生20代以上，东北地区1年可发生约12代。华北地区以滞育雌成螨在土缝中、树皮或枯枝落叶上越冬，华中地区以各虫态在多种杂草上或树皮缝中越冬，华南地区由于冬季气温高可继续繁殖危害，北方温室可周年发生。高温低湿有利于发育繁殖，夏季降雨对其发生有抑制作用，夏季少雨易暴发成灾。

危害时期及主要方式参见本章二斑叶螨。

【防治方法】参见本章二斑叶螨防治方法。

暗黑鳃金龟

幼虫取食根茎，成虫取食叶片，地下害虫

暗黑鳃金龟（*Holotrichia parallela* Motschulsky）属昆虫纲鞘翅目鳃金龟科，在我国分布范围广，危害程度大。暗黑鳃金龟不仅是多种经济作物和粮食作物地下害虫优势种，同时也是林木和果树重要的害虫。

【危害特点】幼虫（金龟子的幼虫也称蛴螬）危害地下根系及嫩根茎，使植株生长衰弱，对草莓产量造成损失，严重时造成缺苗断垄；成虫主要取食叶片。

【形态特征】

成虫：长椭圆形，体长17 ~ 22毫米，宽9 ~ 11.3毫米。羽化成虫初为红棕色，后逐渐变为红褐色或黑褐色，表面无光泽。触角红褐色，共10节。前胸背板侧缘中央向外突起，呈锐角状，刻点大而深，前缘着生较致密的黄褐色毛。鞘翅及腹部有蓝白色短小茸毛。腹部圆筒形。雄成虫臀板后端较圆，雌成虫则比较尖细。（图6-111）。

卵：长椭圆形，初呈乳白色，后逐渐加深，长2.61毫米，宽1.62毫米。

幼虫：头部前顶毛每侧1根，后顶毛每侧1根。臀节腹面无刺毛列，钩毛区面积小于华北大黑鳃金龟幼虫。肛门孔3裂。

蛹：淡黄色或杏黄色，长18 ~ 25毫米，宽8 ~ 12毫米。腹部背面第四、五节，第五、六节交界处中央有发音器2对。1对尾角岔开呈锐角。

图6-111 暗黑鳃金龟

【生活史及习性】 暗黑鳃金龟在我国绝大多数地区每年只发生1代，翌年4月开始出土，5月下旬开始化蛹，成虫盛发期为6月下旬至7月上旬，产卵盛期在7月上中旬，7月至8月初为幼虫危害期，9月中下旬老熟幼虫为开始下移，多以老熟幼虫和少数成虫在30厘米土层下越冬。暗黑鳃金龟为杂食性昆虫，对不同寄主植物表现出特殊的选择偏好性，具有群集现象。成虫昼伏夜出，出土后一般先交尾后取食，有趋光性和假死性。成虫有隔日出土的习性，一日多，一日少，且数量相差明显。

【防治方法】

（1）农业防治　合理安排茬口，避免与大豆、花生、玉米等暗黑鳃金龟喜食作物轮作或套作，可与葱蒜类轮作；施用充分腐熟的堆肥、厩肥。

（2）物理防治　杀虫灯诱杀成虫。

（3）化学防治　将残羹剩饭、腐烂水果、糖醋液与敌百虫混合置于容器中诱杀成虫；土壤药剂处理，用5%辛硫磷颗粒剂与细土混合均匀，每亩1 ～ 1.5千克，混入细土15 ～ 20千克，撒施后起垄铺膜，或用50%辛硫磷乳油1 000倍液灌根。

华北大黑鳃金龟

幼虫取食根茎，成虫取食叶片，地下害虫

华北大黑鳃金龟［*Holotrichia oblita*（Faldermann）］属昆虫纲鞘翅目鳃金龟科。

【危害特点】 参见本章暗黑鳃金龟危害特点。

【形态特征】

成虫：体长16 ～ 22毫米，宽11 ～ 12毫米，体色黑褐色至黑色，有光泽。触角10节，鳃片部3节，黄褐色或红色；鞘翅长椭圆形，革质，较坚硬，每侧各有4条明显的纵向隆起纹。前足胫节外侧有3齿，内侧有1距，均较锋利，中后足胫节末端有2根端距。胸、腹部生有黄色长毛，前胸背板宽为长的2倍，前缘角为钝角、后缘角几乎呈直角。腹部臀节外露，臀节背板包住末节腹板呈半月形，臀板端明显向后突起。雌成虫末节腹部中央隆起，雄成虫则为凹陷。雌成虫腹部末节中部肛门附近呈新月形，凹处较浅，后足胫节内侧端距大而宽（图6-112、图6-113）。

卵：最初为长椭圆形，两端稍尖，长2 ～ 2.7毫米，水青色，逐渐

图6-112　华北大黑鳃金龟正面

图6-113　华北大黑鳃金龟腹面

变为卵圆形，乳白色，表面光滑。

幼虫：体长35 ~ 45毫米，乳白色，肥胖，弯曲，呈C形，表面多皱纹；头部橙黄或黄褐色，每侧具有3根前顶毛。具3对胸足，细长，表面着生棕褐色细毛，较致密。臀节腹面有钩状刚毛，呈三角形分布，肛门孔3裂，前方密生扁而尖端成钩状的刚毛，并向前延伸到肛腹片后部1/3处（图6-114）。

图6-114　蛴螬（华北大黑鳃金龟幼虫）

蛹：裸蛹，长21 ~ 23毫米，椭圆形，头小，体微弯曲，初期黄白色，逐渐变为橙黄色，尾节端部有1对角状突起。

【生活史及习性】华北大黑鳃金龟在北方多为2年发生1代。幼虫和成虫在55 ~ 150厘米无冻土层中越冬。翌年4月中旬至6月下旬为成虫出土期，5月上旬至6月上旬为越冬成虫出土高峰期，晚上20 ~ 21时为取食、交配活动盛期。成虫具有昼伏夜出性、假死性、趋光性和趋化性，喜在畜禽粪便处产卵。幼虫具有喜湿性。成虫有多次交配、分批产卵的习性，每雌可产卵近百粒。

【防治方法】参见本章暗黑鳃金龟防治方法。

黑绒鳃金龟

幼虫取食根茎，成虫取食叶片，地下害虫

黑绒鳃金龟（*Maladera orientalis* Motschulsky）属昆虫纲鞘翅目鳃金龟科，又称为东方金龟子、天鹅绒金龟子、姬天鹅绒金龟子，俗名瞎撞子、黑盖虫、黑豆虫。在我国南北方几乎都有分布。

【危害特点】 参见本章暗黑鳃金龟危害特点。

【形态特征】

成虫：卵圆形，体长7 ～ 8毫米，宽4 ～ 5毫米。体型前窄后宽，初羽化为褐色，黑色或黑褐色，鞘翅面被有1层短茸毛。头黑色，密布刻点。唇基黑色，有较强的光泽，前缘与侧缘稍稍翘起，前缘中部略有凹陷，中央稍有隆起。触角10节,红褐色，末端3节鳃叶状，柄节膨大，生3 ～ 5根刚毛。前胸背板宽为长的2倍，前缘突出，后缘角为直角，侧缘列生刺毛。鞘翅比前胸背板略宽，每个鞘翅有9条刻点沟，外缘有1排刺毛。臀板较宽大，三角形，密布刻点。前足胫节外缘有2个齿，后足胫节有刺，端部两侧各有一端距。雌成虫体型略大于雄成虫（图6-115）。

卵：椭圆形，长约1毫米，乳白色，有光泽，孵化前色泽变暗。

幼虫：体长14 ～ 16毫米，头宽2.5 ～ 2.6毫米。前顶毛每侧各1根，额中侧毛每侧各1根。臀节腹面上刺毛列为 20 ～ 23 根锥状刺组成的弧形横带，中间明显中断，其前面有无数钩状刚毛，毛群前缘呈双峰状，裸露区呈楔状指向尾端（图6-116）。

图6-115　成　虫

图6-116　幼　虫

蛹：椭圆形，体长6 ～ 9毫米，裸蛹，淡黄色，头部黑褐色。

【生活史及习性】 黑绒鳃金龟一般1年发生1代，以成虫在浅土层或者覆盖物下越冬。成虫于4月中旬开始出土活动，如温度较高还可提前出土，尤其在降雨后，有利于成虫出土。4月末至6月上旬为成虫发生盛期，5 ~ 6月中旬是成虫交配盛期。交尾后土层内产卵。幼虫有3龄，老熟幼虫深入40 ~ 50厘米土层内筑土室化蛹。成虫羽化后不出土，于10月间在土中准备越冬。日平均温度10℃以上，降雨量大、湿度高有利于成虫出土危害。成虫活动适温为20 ~ 25℃。有驱光性、驱粪性、驱化性、假死性。

【防治方法】参见本章暗黑鳃金龟防治方法。

苹毛丽金龟　取食花、果实

苹毛丽金龟（*Proagopertha luciclula* Faldermann）属昆虫纲鞘翅目丽金龟科，在我国华北、东北和黄淮地区均有分布。

【危害特点】除与暗黑鳃金龟相同的危害特点外，苹毛丽金龟成虫还可取食草莓植株的花，影响植株坐果，也可取食未成熟的果实，使草莓失去商品和食用价值。

【形态特征】

成虫：体长约10毫米，卵圆形，头胸背面紫铜色，上有刻点，全身密被黄白色绒毛。小盾片半圆形。鞘翅为茶褐色，具有光泽，呈半透明，通过鞘翅可看出后翅折叠成V形。腹部两侧有明显的黄白色毛丛，尾部露出鞘翅之外。后足胫节宽大，有长、短距各1根（图6-117）。

图6-117　苹毛丽金龟

卵：椭圆形，初期乳白色，临近孵化时，逐渐变为米黄色，顶端透明，表面无光泽。

幼虫：体长约15毫米，头部黄褐色，胸腹部乳白色。

蛹：长12.5 ~ 13.8毫米，裸蛹，初期为乳白色，临近羽化时颜色逐渐加深，最终变为深红褐色。

【生活史及习性】苹毛丽金龟一般1年发生1代，以成虫越冬。越冬成虫在4月下旬出土活动。会群集在向阳处沿地表飞舞或在地面上寻求配偶，至下午3时以后气温下降又潜伏于土中。成虫有边取食边交尾的习性，雌成虫出土后即行交尾，交尾时间多在午前，雌成虫多在有机质丰富的林木或果树根部附近的疏松土壤内产卵。幼虫一般3龄，三龄幼虫通常生活在土壤中，8月上旬在土层中筑土室化蛹。成虫喜食花、嫩叶和未成熟的果实，喜群集在一起取食，通常将植株上的花或梢端的嫩叶全部吃光以后才转移危害。成虫趋光性不强，黑光灯偶尔可以诱到，有假死性，温度高于22℃时假死性不明显。

【防治方法】 参见本章暗黑鳃金龟防治方法。

温室白粉虱 群集嫩叶背部刺吸汁液，分泌蜜露

温室白粉虱［*Trialeurodes vaporariorum*（Westwood）］属昆虫纲半翅目粉虱科，是一种世界性害虫，在我国北方地区分布广泛，南方部分地区可发生危害，是温室内种植作物的一种重要害虫。

【危害特点】 成虫和若虫主要群集在植物嫩叶背部，以刺吸式口器吸吮汁液（图6-118），致使叶片褪绿、变黄、萎蔫，甚至全株枯死。同时，温室白粉虱还可分泌大量蜜露诱发煤污病，影响叶片光合作用，使植株不能正常生长，污染叶片和果实，严重时可使草莓失去商品价值。此外，温室白粉虱还可传播多种病毒，对草莓生产造成危害（图6-119）。

图6-118 成 虫

图6-119 叶片受害状

【形态特征】

成虫：体长0.8 ~ 1.5毫米，体淡黄色，复眼红色，上部复眼和下部复眼完全分离。翅白色，翅表面覆有白色蜡粉，停息时双翅在体背合成屋脊状。翅端半圆形，遮住整个腹部。翅脉简单，沿翅外缘有一排小颗粒。雌成虫个体明显大于雄成虫，经常雌雄成对在一起，大小对比显

著，雄虫和雌虫在一起时常常颤动翅膀。雄成虫腹部细窄，腹部侧下方有四个弯曲的黄褐色曲纹。

卵：近似长椭圆形，顶部尖，卵长大约0.2毫米。卵的基部可发现长度约0.02毫米的卵柄，卵柄一般从叶背的气孔插入植物组织中，从而保证卵柄不易脱落，可以和植物之间保证水分运输平衡以避免干死。卵颜色最初为淡绿色，表面覆有1层蜡粉，之后逐渐变成黄褐色，在最终孵化之前卵会变成黑色。

若虫：初孵若虫体长约0.29毫米，侧面观呈长椭圆形，尾部1对毛明显，有触角和足，可以在植物叶片上游走，可以通过短距离爬行寻找适宜叶片，当它们成功地在植物韧皮部组织上插入口针后，就不再移动。二龄若虫体长比一龄若虫更长一些，约0.37毫米，镜检观察，其颜色呈浅绿色。三龄若虫体长比二龄若虫更长一些，约为0.51毫米，颜色呈黄绿色，触角与足均明显有退化的现象，紧贴在叶片上营固着生活。四龄若虫又称为伪蛹，体长0.7 ～ 0.8毫米，颜色呈黄棕色，逐渐加深为紫黑色，外观体型依然呈椭圆形，初期体型扁平，逐渐加厚呈蛋糕状，体后有长短不齐的蜡丝，两侧带刺（图6-120）。

图6-120 若 虫

【生活史及习性】温室白粉虱在北方主要生长环境是温室，在栽培草莓的日光温室无滞育和休眠现象，可不间断进行繁殖危害，露地栽培草莓7 ～ 9月为发生危害盛期。在温室环境条件下，繁殖量大且存活率高，世代重叠严重。温室白粉虱对环境的适应性非常强，在温度9 ～ 40℃均能生活，最适宜温度为18 ～ 25℃，相对湿度60%以上。温室白粉虱喜食嫩绿色的新叶，因此活动性强的成虫大多附在草莓植株的顶端叶片，并在其上产卵。因此，各虫态在植株上自上而下的分布为：成虫、新产的卵、变黑的卵、初龄若虫、老龄若虫、伪蛹、新羽化成虫。成虫对黄色有强烈趋性。

【防治方法】

（1）*农业防治* 与温室白粉虱非喜食蔬菜作物轮作；培育无虫苗，将育苗和温室生产分开；收获后彻底清洁田园，将田间杂草和植株残体妥善处理或高温发酵沤肥，减少田间虫源。

（2）物理防治　利用温室白粉虱对黄色的强烈趋性，可在温室内设黄色粘虫板诱杀成虫，每亩15 ～ 20块；换茬时进行高温闷棚，6 ～ 8月时拔除植株，补好棚膜漏洞，封闭7 ～ 10天，之后清除棚内植株残体。

（3）生物防治　温室白粉虱发生初期开始释放丽蚜小蜂，连续2 ～ 3次，每亩每次释放5 000头，注意放蜂期间和放蜂后千万不能喷洒化学农药，否则前功尽弃。

（4）化学防治　棚室育苗或定植前，用敌敌畏烟剂熏棚消毒，降低虫源；中午时分用手触碰植株发现小白蛾子飞出应立即用药，苗期可选用24%螺虫乙酯4 000 ～ 5 000倍液，生长期选用25%噻虫嗪水分散粒剂3 000 ～ 5 000倍液或10%吡丙醚乳油800 ～ 1 200倍液，或3%啶虫脒乳油1 000 ～ 2 000倍液等药剂喷雾。

斜纹夜蛾　啃食叶片、嫩茎、花器、果实

斜纹夜蛾（*Prodenia litura* Fabricius）属昆虫纲鳞翅目夜蛾科，又称为莲纹夜蛾、莲纹夜盗蛾，是一种世界性分布的广食性农业害虫，我国大部分地区均有发生，温暖地区可常年发生，受害严重。

斜纹夜蛾的识别和症状

【危害特点】低龄幼虫在叶片背面群集啃食叶肉，残留上表皮及叶脉（图6-121），在叶片上形成不规则的半透明纸状或“天窗”，呈网纹状。三龄后分散蚕食植物叶片、嫩茎，造成叶片缺刻、孔洞（图6-122、图6-123），残缺不堪，甚至将植株吃成光秆，也可取食

图6-121　叶片受害处残留上表皮

图6-122　叶片出现孔洞和缺刻

花器及果实等。五龄幼虫以后食量骤增，是暴食阶段，五龄和六龄的食量占整个幼虫的88%以上。有时发生量大，幼虫可持续性危害。幼虫还可排泄粪便污染草莓植株，造成组织腐烂，对草莓造成严重危害。

图6-123 幼虫危害草莓叶片

【形态特征】

成虫：体长14 ~ 20毫米，翅展33 ~ 40毫米，头、胸、腹均深褐色，额上有黑褐色斑，颈板有黑褐色横纹。胸部背面有白色丛毛，腹部前数节背面中央具有暗褐色丛毛。前翅灰褐色，基线、内线褐黄色，后端相连，斑纹复杂。雄成虫前翅带有黑棕色。雄成虫较雌成虫粗大。雌成虫后翅白色半透明，无斑纹，前后翅通常有水红色至紫红色闪光（图6-124）。

图6-124 成 虫

卵：粒扁平，初产时乳白色至浅绿色，孵化前紫黑色，直径为0.4 ~ 0.5毫米，卵表面具有网状隆脊。常集结成3 ~ 4层卵块，其上覆盖有1层黄色疏松茸毛。

幼虫：共6龄，体色变化很大。虫口密度大时幼虫体色较深，多为黑褐色或暗褐色，密度小时，多为暗灰绿色。一般幼龄期的体色较淡，随幼虫龄期增加虫体颜色加深。三龄前幼虫体线隐约可见，腹部第一节的1 对三角形黑斑明显可见。四龄后体线明显，背线和亚背线呈黄色。沿亚背线上缘每节两侧各有1对黑斑，其中第一节黑斑最大，近菱形。第七、八节黑斑也较大，呈新月形。

蛹：长15 ~ 23毫米，圆筒状，红褐色至暗褐色，腹部背面第四至七节背面前缘及第五至七节腹面前缘密布圆形刻点，腹部末端有1对强大而弯曲的臀刺。化蛹在茧内，为较薄的丝状茧，其外粘有土粒。

【生活史及习性】斜纹夜蛾在我国1年发生3 ~ 9代，华北地区1年可发生4 ~ 5代，长江流域发生5 ~ 6代，福建发生6 ~ 9代，长江流域春季虫源可能从南方迁飞而来，常在夏秋季大量发生。初孵幼虫多在卵块附近昼夜取食，群集啃食叶下表皮及叶肉，仅留上表皮及叶脉呈窗纱状，三龄后开始分散危害，四龄后食量骤增，五、六龄幼虫进入暴食期，咬食叶片，仅留主脉。有趋光性、假死性，对阳光敏感，天气晴朗时白天多在阴暗的草莓基部或土缝里，夜晚或阴天出来危害。

【防治方法】

（1）*农业防治* 由于其集中产卵，低龄幼虫亦集中危害，可人工摘除受害叶片；认真耕翻土地，消灭部分越冬蛹，及时清除杂草和老叶，创造通风透光的良好环境，减少卵量。

（2）*物理防治* 田间设置杀虫灯或糖醋液诱杀成虫。

（3）*生物防治* 田间发现少量卵块开始释放赤眼蜂，每亩6 ～ 8个放蜂点，每次释放量为8 000 ～ 10 000头，每隔15天释放1次，也可选用1.8%阿维菌素乳油1 000 ～ 1 500倍液喷雾防治。

（4）*化学防治* 第三至五代斜纹夜蛾是主害代，应采取压低三代虫口密度，巧治四代，挑治五代的防治策略。低龄幼虫抗药力差，可在卵孵化高峰至低龄幼虫分散前选用20%灭幼脲3号胶悬剂1 000倍液、2%甲氨基阿维菌素苯甲酸盐每亩30克、5%氟虫脲乳油2 000 ～ 2 500倍液或5%氟啶脲乳油2 000 ～ 2 500倍液药剂喷雾，低龄幼虫始盛期选用10%三氟甲吡醚乳油1 000倍液防治。宜在清晨或傍晚前后施药，均匀喷雾叶面及叶背。注意轮换用药，避免产生抗药性。

棉蚜 *群集于叶片刺吸汁液，分泌蜜露*

棉蚜（*Aphis gossypii* Glover）属昆虫纲半翅目蚜科，又称为瓜蚜。寄主范围很广，全世界至少有700种寄主植物。

蚜虫的识别和症状

【危害特点】棉蚜具有刺吸式口器，成虫、若虫均群集在草莓叶片背面和心叶、叶柄，吸食草莓汁液（图6-125）。生长点和心叶受害后，叶片卷缩、萎蔫畸形，影响植株正常生长，甚至不能开花结果，造成减产；同时棉蚜排泄蜜露会造成煤污病（图6-126），降低草莓品质。在草莓植株上可常年危害，以初夏和初秋密度最大。同时，棉蚜可通过直接进食传播超过50种植物病原性病毒，严重影响作物产量和品质。

图6-125　叶片及叶柄受害状

图6-126　诱发煤污病

【形态特征】

干母体：长1.6毫米，洋梨形，茶褐色，触角5节，是从越冬卵孵化出来的成熟个体，营孤雌生殖。

无翅胎生雌蚜：体长1.5 ～ 1.9毫米，夏季黄绿色或黄色，春秋季蓝黑色、深绿色或棕色，触角6节，腹部末端为1对暗色短圆筒形腹管，尾片青绿色，乳头状，两侧各有3对刚毛，复眼暗红色。

有翅胎生雌蚜：体长1.2 ～ 1.9毫米，黄色、浅绿色或深绿色，前胸背板黑色，有透明翅2对，前翅中脉3叉，后翅中、肘脉全，腹背两侧有3 ～ 4对黑斑，有时腹背有2 ～ 3条间断黑横带，触角6节、较短。

无翅产卵雌蚜：体长1 ～ 1.5毫米，灰褐色、墨绿色、暗红色或赤褐色，触角5节，后足胫节发达，排列不规则圆点几十个，腹管小，黑色。

无翅胎生雄蚜：体长1.3 ~ 1.9毫米，体色有绿色、灰黄色或赤褐色，触角6节，腹管灰黑色，较短。卵为椭圆形，体长0.5毫米，初产时橙黄色，6天后变漆黑色，有光泽。

若蚜：分为无翅若蚜和有翅若蚜。无翅若蚜，体型较小，腹部较瘦，夏季为黄色或黄绿色，春秋为蓝灰色，复眼红色，经多次蜕皮变为无翅胎生雌成蚜。有翅若蚜体色夏季淡红色，秋季黄色，胸两侧有翅芽，腹部两侧有白色圆斑，经4次蜕皮变为有翅胎生雌成蚜。

【生活史及习性】棉蚜每年于10 ~ 11月，以有翅雌、雄蚜迁飞到木槿、花椒、石榴和杂草（夏枯草、车前草）等寄主植物上交尾产卵越冬。翌年早春，越冬卵陆续孵化为无翅蚜，当5日平均气温达12℃时棉蚜进行孤雌繁殖，产生干母体在越冬树上取食。一般4月下旬至5月上旬，有翅雌蚜迁飞到草莓植株上胎生无翅雌蚜危害，5月下旬大量繁殖，在草莓田第二次扩散蔓延。在温室危害草莓主要集中在9 ~ 12月和2 ~ 5月，3 ~ 4月为盛期，多在嫩叶、叶柄、叶背活动吸食汁液，分泌蜜露污染叶片，同时传播病毒，使种苗退化。棉蚜繁殖能力强，繁殖速度快。天气干旱，有利于其繁殖。大雨对棉蚜有明显的抑制作用，不利于蚜虫发生，但小雨天气或时晴时雨有利于蚜虫繁殖。

【防治方法】

（1）农业防治　及时摘除草莓老叶、病叶，清除温室周边杂草。

（2）物理防治　在通风位置设置防虫网；在温室内设黄色粘虫板诱杀，从定植期开始使用，每栋温室用10 ~ 20块，挂置高度略高于草莓植株10 ~ 20厘米，诱杀有翅蚜虫，定期更换；可在墙体铺设银灰膜，对蚜虫有趋避效应。

（3）生物防治　在蚜虫发生初期，田间释放瓢虫，每亩放100卡（每张卡20粒卵）（图6-127至图6-130），捕杀蚜虫；可喷施1.8%阿维菌素乳油1 000 ~ 1 500倍液，同时注意保护草蛉（图6-131）、食蚜蝇（图6-132）、蚜茧蜂（图6-133、图6-134）等自然天敌。

（4）化学防治　可选用25%噻虫嗪水分散粒剂3 000 ~ 5 000倍液液、3%啶虫脒乳油1 500倍液或22%氟啶虫胺腈悬浮剂7 000 ~ 8 000倍液进行叶面喷雾，注意轮换用药。注意农药安全间隔期，以免产生抗药性和药害。喷雾防治要避开草莓开花期，而且用药时将蜜蜂搬出棚外。

图6-127 异色瓢虫卵卡

图6-128 异色瓢虫卵粒

图6-129 异色瓢虫幼虫

图6-130 异色瓢虫化蛹

图6-131 草蛉幼虫

图6-132 食蚜蝇幼虫

图6-133　蚜茧蜂将卵产在蚜虫体内

图6-134　被蚜茧蜂寄生的蚜体

桃蚜　群集于叶片刺吸汁液，分泌蜜露

桃蚜［*Myzus persicae*（Sulzer）］属昆虫纲半翅目蚜科，又称为桃赤蚜、烟蚜、菜蚜，俗称腻虫。全国各地均有分布。

【危害特点】主要危害特点与棉蚜相似（图6-135）。同时，桃蚜在取食危害的过程中还能够传播115种植物病毒，给草莓及其他作物生产带来较大损失。

【形态特征】

无翅孤雌蚜：体长2.6毫米，宽1.1毫米，春季为绿色，夏季黄绿色或黄白色，秋季红褐色，体表粗糙，背中域光滑。第七、八腹节有网纹，额瘤显著，中额瘤微隆。触角长2.1毫米，第三节长0.5毫米，有毛16 ~ 22根。腹管长筒形，端部黑色，是尾片长的2.37倍。尾片黑褐色，圆锥形，近端部1/3处收缩，有6 ~ 7根曲毛。

图6-135 桃蚜群集叶片背面危害

有翅孤雌蚜：体长2毫米，头、胸部黑色，腹部有黑褐色斑纹，翅无色透明，翅痣灰黄色或青黄色，触角第三节有小圆形次生感觉圈9～11个，腹部第四至六节背中融合为1块大斑，第二至六节各有1个大型圆斑，第八节背中有1对小突起。

有翅雄蚜：体长1.3～1.9毫米，体色深绿、灰黄、暗红或红褐色，头、胸部黑色。

卵：椭圆形，长0.5～0.7毫米，初为橙黄色，后变成漆黑色而有光泽。

若虫：近似无翅胎生雌蚜，体色淡绿或淡红色。

【生活史及习性】桃蚜在我国发生世代由北向南逐渐增多。华北地区1年发生10多代，南方地区可达30～40代，世代重叠极为严重。无翅胎生雌蚜在露地蔬菜、窖藏白菜或温室内越冬，也可在菜心里产卵越冬。当断霜以后，产生有翅胎生雌蚜，迁飞到十字花科、茄科等作物上危害，并营孤雌胎生繁殖出无翅胎生雌蚜，直至晚秋当夏寄主衰老，不利于桃蚜生活时，才产生有翅性母蚜，迁飞到冬寄主上，生出无翅卵生雌蚜和有翅雄蚜，雌雄交配后，在冬寄主植物上产卵越冬。越冬卵抗寒力很强，即使在北方高寒地区也能安全越冬。桃蚜飞行能力较强，在种群密度较大时桃蚜多数会发育为有翅蚜，迁飞到其他植株上危害。在温室草莓危害主要集中在9～12月和2～5月，3～4月为盛期，多在嫩叶、叶柄、叶背活动吸食汁液，分泌蜜露污染叶片，同时传播病毒，使种苗退化。桃蚜发育最适温度为24℃，高于28℃则繁殖受抑制。桃蚜对橙色、黄色有强烈的趋性，对银灰色有负趋性。

【防治方法】参见本章棉蚜防治方法。

黄蛞蝓 刺刮叶片，果实

黄蛞蝓［*Limax flavus*（Linnaeus）］属软体动物门腹足纲柄眼目蛞蝓科。在我国常见于长江流域以及山西、河北、北京等地区。除危害草莓外，还可危害茄科、豆科、十字花科、藜科、落葵科等多种作物。

【危害特点】黄蛞蝓成体和幼体以齿舌刺刮危害草莓叶片和果实，偏食含水量多的幼嫩部位，使被害叶片或花瓣出现孔洞或缺刻，受害叶片残缺不全，花受害后影响坐果，严重时草莓整株枯死，常造成缺苗断垄，果实被取食后，出现孔洞。同时黄蛞蝓排泄粪便、分泌黏液，污染果实，甚至引起腐烂。

【形态特征】

成体：身体裸露柔软，无保护外壳，头部有两对淡蓝色的触角。在体背部前端有一椭圆形外套膜，其前部游离，收缩时可覆盖其头部。体呈黄褐色或深橙色，足部为淡黄色。体长在伸展时可达120毫米，体宽12毫米。分泌黏液为淡黄色，与空气接触后硬化成丝状，干后发亮。

卵：椭圆形，体白色半透明，呈链球状排列。

初孵幼体：浅黄色，身体光滑，无任何斑点和花纹，周身透明，后体色逐渐变深而不透明，直到成体时才出现斑点和花纹。

【生活史及习性】黄蛞蝓1年发生2～3代，有世代重叠现象。成体与幼体均能越冬，以成体为主，多在草莓等作物根部、草堆、石块下及其他潮湿暗处越冬，在保护地内可周年生长繁殖和危害。春季天气转暖后开始活动。卵产在潮湿、隐蔽的土块缝隙、疏松土层2～4厘米处、植物根部和树叶下等处，卵常聚集成堆，一年四季均能产卵。黄蛞蝓多于5～7月在田间大量活动危害。冬季气温适宜时也能出来危害，没有严格的越夏和越冬期。湿度和温度对于黄蛞蝓的生命活动有非常大的影响。土壤含水量在20%～30%、在12～20℃之间最适合其生长发育，温度高于25℃时活动减少，超过30℃以上时会大量死亡；当土壤含水量在10%以下或高于40%时会引起死亡或使其生长受到抑制。春夏季发生量大，危害重，秋冬季发生量小，危害轻。怕光，强烈日照下2～3小时即死亡。黄蛞蝓昼伏夜出，白天多潜伏在草莓根系周围的土壤缝隙、湿土块及草丛中，夜间至凌晨为活动取食高峰期。

【防治方法】

（1）农业防治 采用地膜覆盖、小高垄栽培，可破坏黄蛞蝓生存环境，减少越冬黄蛞蝓基数；及时清除田间、田埂杂草，清理老叶、残叶和病果，保持田园清洁卫生；施用充分腐熟的有机肥，需要追肥时用氨水浇灌畦面以创造不利于黄蛞蝓生存的环境；雨季深沟排水，保持土壤表层干燥；傍晚田间利用鲜嫩杂草等做成诱集堆，喷洒少量的水，待晚上10时后或早晨6时前将诱集到的集中灭杀。

（2）化学防治 草莓栽培田地周边、地边、沟边撒上一层较厚的生石灰做封锁带，防止黄蛞蝓进入草莓田危害。发生期可选用10%四聚乙醛颗粒剂每亩500克、6%四聚乙醛颗粒剂每亩500克进行土表撒施；或将黄蛞蝓敌配成含有效成分2.5%～6%的豆饼（磨碎）或玉米粉等毒饵，于傍晚撒在田间垄沟上进行诱杀；也可用1.1%高氯·甲维盐乳油3 000～3 500倍液喷雾。注意，不论叶面喷施还是地面撒施，最好在傍晚进行，利用黄蛞蝓夜间活动的特点进行防治。

野蛞蝓 刺刮叶片，果实

野蛞蝓［*Agriolimax agrestis*（Linnaeus）］属软体动物门腹足纲柄眼目蛞蝓科野蛞蝓属，又称为鼻涕虫。我国各省均有分布，露地、保护地栽培均可发生。

【危害特点】参见本章黄蛞蝓危害特点。

【形态特征】

成体：长梭形，伸展时体长30～60毫米，宽4～6毫米，内壳长4毫米，宽2.3毫米。外表光滑，体柔软，无保护外壳。体表暗黑色、暗灰色、灰红色或黄白色，有的有不明显的暗带或斑点。头部前端有2对触角，暗黑色，能伸缩，前触角有感觉作用；后触角顶端具一对眼。头前端有口。尾嵴钝。黏液无色。腹面具爬行足，爬过的地方留有白色具有光亮的黏液（图6-136、图6-137）。

卵：椭圆形，直径2～2.5毫米，有弹性，透明，可见卵核。

初孵幼体：长2～2.5毫米，淡褐色，体型与成体相似。

【生活史及习性】参见本章黄蛞蝓生活史及习性。

【防治方法】参见本章黄蛞蝓防治方法。

图6-136　黑色型野蛞蝓

图6-137　灰色型野蛞蝓

小家鼠　咬食果实

小家鼠［*Mus musculus*（Linnaeus）］属于脊索动物门哺乳纲啮齿目鼠科鼠属，又称为鼷鼠、小鼠。

【危害特点】 小家鼠主要危害草莓果实。一般在草莓果实转色后至成熟期，利用啮齿将草莓表面的种子啃掉，使幼果停止生长，成熟果实失去食用价值，造成的伤口有利于病原侵入，使草莓感病腐烂。

【形态特征】 小家鼠体形较小，体重12 ~ 30克，体长60 ~ 90毫米，毛色变化很大，背毛由灰褐色至黑灰色，腹毛由纯白色到灰黄色，尾毛上面的颜色较下面深。具5对乳头，3对分布在胸部，2对分布在鼠蹊部。上颌门齿内侧从侧面看，有一较为明显的缺刻。前后足的背面为暗褐色或灰白色，后足长小于17毫米。感觉器官几乎全部位于头部和颈部。

【生活史及习性】 小家鼠为人类伴生种，主要是家栖性鼠种，栖息环境广泛。凡是有人居住的地方，都有小家鼠的踪迹，如住房、仓库、温室大棚等。小家鼠为杂食性动物，但主要以植物性食物为主。小家鼠繁殖力很强，一般全年均能繁殖。具有迁移习性，草莓果实开始转色，即可从住房、仓库等栖息场所前往草莓棚室内活动危害，到翌年5月草莓拉秧迁往其他春播田内继续危害。小家鼠是昼伏夜出的动物，它们主要利用嗅觉行动，尤其在清晨和黄昏活动最为频繁，形成两个明显的活动高峰。

【防治方法】

(1) 农业防治　利用小家鼠发生特点，在草莓田地或棚室四周、农舍、仓库等栖息地开展灭鼠工作；做好温室内及周边的清洁工作，经常清扫，修复墙体洞穴，破坏其繁殖地及活动场所，用水泥或石块堵好墙体洞穴；用旧塑料布或其他物品将温室进出口（如温室门、放风口等）盖严，以免在进出时留下缝隙使小家鼠钻入温室危害。

（2）**物理防治**　利用小型捕鼠夹防治，按照每亩4～5个放置捕鼠夹，用炒香的花生仁、葵花籽等作诱饵；利用粘鼠板（图6-138），将粘鼠板放置在小家鼠经常出没处，如棚室入口、墙角等处。注意及时清除被鼠夹或鼠药致死的鼠尸，如鼠夹上有害鼠血迹也要清理，避免害鼠嗅到后不再食用诱饵，影响防治效果。

图6-138　利用粘鼠板捕杀小家鼠

（3）**生物防治**　有条件的可饲养猫，利用天敌控制害鼠数量。

（4）**化学防治**　可利用浓度为0.005%溴敌隆制作毒饵灭鼠，将0.5%药液1份加5～10倍水稀释后，加入少量食用白糖，再加100份小麦或油葵，搅拌浸泡10小时以上，晾干后即可使用；也可直接在卫生局或爱国卫生运动委员会购买配制好的杀鼠剂或毒饵。

温馨提示

注意定期检查和补充毒饵；使用高效和相对安全的杀鼠剂和毒饵，杜绝使用毒鼠强等高毒鼠药，严禁私自配制灭鼠剂和购买禁止使用的高毒灭鼠剂；将猫放出后注意回收撒施的毒饵，以免猫误食中毒；在毒饵投放区设置警示，做好安全工作，防止人畜中毒事故的发生。

灰巴蜗牛 舐食嫩叶、嫩茎、果实

灰巴蜗牛［*Bradybaena ravida*（Benson）］属软体动物门腹足纲柄眼目巴蜗牛科。

【危害特点】 草莓叶片、茎、果实均可受害。具有特殊的舐刮式口器，幼贝仅用齿舌舐食嫩叶、嫩茎及果实，危害草莓叶片时，取食叶肉，留下表皮，稍大后用齿舌刮食草莓茎、叶、果实，受害部位被舐磨成小孔状，叶片、果实形成不规则的缺刻或孔洞，严重时可将草莓茎咬断，造成缺苗断垄，且受害处常被蜗牛排出的黑色粪便及其特有的黏液污染，易导致草莓被病原侵染，感染其他病害。蜗牛在其爬行过的茎叶上一般会留下1条亮白色的线带痕迹。

【形态特征】

成体：灰巴蜗牛个体大小、颜色变异较大。贝壳中等大小，圆球形，壳质坚硬，较厚。贝壳高18 ~ 21毫米，宽20 ~ 23毫米，有5.5 ~ 6个螺层，顶部几个螺层增长缓慢，略膨大，体螺层急剧增长膨胀。壳面呈琥珀色或黄褐色，常分布暗色不规则形斑点，并有细致而稠密的生长线和螺纹。壳顶尖，缝合线深。壳口呈椭圆形，口缘完整，略外折，锋利，易碎。

卵：圆球形，白色。

【生活史及习性】 灰巴蜗牛主要以成贝和幼贝在植株残体、房前屋后的物体、土壤耕作层内越冬或越夏。1年可繁殖1 ~ 3次。早春气温回升，日平均气温15℃以上越冬成贝或幼贝开始活动。4月下旬至5月交配产卵。卵多成堆产于草莓根际附近的湿土中，石块下或土缝内，初产的卵表面具黏液，干燥后卵粒粘在一起呈块状。初孵幼贝多群集在一起取食，长大后分散危害，喜栖息在植株茂密低洼潮湿处。该蜗牛白天潜伏在草莓植株丛中或土缝里，傍晚或清晨取食危害，遇有阴雨天多整天栖息在植株上。温暖多雨天气及田间潮湿地块受害重；遇有高温干燥条件，蜗牛常把壳口封住，潜伏在潮湿的土缝中或茎叶下，待条件适宜时，如下雨或灌溉后，于傍晚或早晨外出取食。入夏后当温度超过35℃后，活动能力减弱，秋季气候凉爽后又进行危害。10月上旬后活动逐渐减弱，中下旬开始越冬，越冬蜗牛在贝壳口有一层白膜封口，以防失水过多。

【防治方法】 参见本章黄蛞蝓防治方法。

同型巴蜗牛 舐食嫩叶、嫩茎、果实

同型巴蜗牛［*Bradybaena similaris*（Férussac）］属软体动物门腹足纲柄眼目巴蜗牛科。

【危害特点】参见本章灰巴蜗牛危害特点。

【形态特征】

成体：同型巴蜗牛（图6-139）个体间形态差异较大。贝壳中等大小，扁球形，壳质坚硬，较厚。壳高11.5～12.5毫米，宽15～17毫米，有5～6个螺层，顶部几个螺层增长缓慢，略膨大，体螺层急剧增长膨胀。壳面呈黄褐色或灰褐色，并有稠密而细致的生长线和螺纹。壳顶尖，缝合线深。壳口呈马蹄形。

图6-139 同型巴蜗牛

卵：圆球形，直径2毫米，初产时乳白色，有光泽，渐变浅黄色，近孵化时为土黄色。

【生活史及习性】同型巴蜗牛在我国1年发生1～2代，适应性极强，多与灰巴蜗牛混合发生。以成贝、幼贝在草莓根部、草堆、土缝、瓦砾堆下、地表土层内越冬。翌年土壤温度达到8～10℃时开始活动，并群栖危害，当平均气温上升到13℃时开始进入田间危害，一般在4～5月间产卵，卵多产在根基疏松湿润的土壤中、缝隙中或石块下，每个成体可产卵30～235粒。一般6～7月中旬大量发生危害，之后进入盛夏，温度逐渐升高，会在沟边杂草中隐蔽越夏，并交配产卵；秋季气候凉爽后又进行危害。

【防治方法】参见本章黄蛞蝓防治方法。

附录 1

草莓日光温室促成栽培周年管理工作历

生育期	月份	作业管理内容	注意事项
育苗期	4 ～ 8月	①塑料大棚育苗适当控制温湿度，保证草莓适宜的生长环境。②合理控制水肥，促进匍匐茎抽生。③预防病虫害，每天定时巡查，发现病株，及时清理。④引压子苗，促进植株合理生长	①适时打开风口和下部薄膜降温。②少量多次供应水肥，做到平缓充足。③悬挂黄、蓝色粘虫板，定期喷施杀菌剂。④压苗不要过紧、过深，以免伤苗。⑤注意防雨和遮阳
定植前期	7 ～ 8月	①清除杂草，清洁田园。②平整地面。③土壤消毒。④适当晾晒，降低土壤湿度，保持土壤墒情	①杂草清除干净。②不同的土壤熏蒸剂处理时间不同，注意合理安排时间。③土壤湿度适宜，确保旋耕时土壤不板结，没有大颗粒
定植期	8月底至9月上旬	①施足底肥。②深度旋耕。③精细起垄。④安装滴灌带和水肥一体化设备。⑤适时早栽，合理密植。⑥栽好后立即回填土压实，扶正草莓植株，小水缓慢洇垄。⑦悬挂遮阳网，防止阳光暴晒。⑧早晚补足定植水，保持土壤处于湿润状态	①起垄作畦一定要精细，做到畦面、畦埂平直，土壤细碎平整。②在阴天或傍晚定植，避免暴晒。③注意栽植深度，栽植不能过深或过浅，要深不埋心，浅不露根，种苗定植方向是弓背向外，引导花序向垄的两侧生长。④防止暴雨积水，冲垮草莓垄。⑤定植后立即浇透根水，1周内要经常查看苗情，要勤浇水，以湿而不涝，干而不旱为原则
缓苗后至现蕾前	9月中下旬	①温度管理，白天温度要维持在25 ～ 30℃，晚上维持在12 ～ 18℃。②水分管理，缓苗后及时进行中耕晾苗，土壤微干时再适量浇水。③加强田间管理，清除田间杂草，摘除老叶、病叶和匍匐茎，掰掉多余的侧芽，合理补苗。④悬挂粘虫板监测虫害，重点防治草莓根腐病和草莓枯萎病	①尽量不要过早密闭大棚，以免温度过高。②必须在早、晚浇水，避免中午浇水，浇水以见干见湿为宜。③及时清除杂草。④摘老叶后及时喷洒杀菌剂，预防病害

（续）

生育期	月份	作业管理内容	注意事项
现蕾期	10月	①温度管理，白天温度要维持在25～28℃，晚上维持在8～12℃。②水分管理，必须在早、晚浇水，避免中午浇水，见干见湿。③清理植株病残体，摘除老叶，及时去除匍匐茎。④监测、防治病虫害。⑤撤掉遮阳网，覆盖棚膜，安装防虫网、卷帘机、保温棉被、补光灯和温湿度记录仪等。⑥铺设地膜	①适时浇水，注意通风散湿。②观察温度变化，选择适宜的覆盖棚膜时机。③选用高透光性的无滴膜，保温性好，无滴性能优良，经久耐用，防尘性良好，强度高，抗拉力强，延展性好。④覆地膜后轻轻将苗掏出，不能伤到叶片，两侧交叉对接压实。⑤摘除老叶后及时喷洒杀菌剂，预防病害
开花期	11～12月	①适当维持高温、低湿管理，有利于花粉形成，白天温度要维持在22～25℃，晚上维持在8～10℃。②加强水肥管理，适当补充磷肥和钙肥。③摘除老叶，及时摘除弱花、弱蕾、病果、畸形果。④监测、防治病虫害，悬挂硫黄熏蒸器防治草莓白粉病。⑤放置蜂箱，开花5%以上即可放蜂	①适当增施水溶肥。②开花前喷施一遍杀菌剂和杀虫剂。③放蜂注意农药的安全间隔期，防止蜜蜂中毒死亡。④花期发现病虫害，用小喷壶对区域局部防治，避免大面积用药。⑤摘除老叶后及时喷洒杀菌剂，预防病害
果实膨大期	12月至翌年1月	①加强温湿度管理，白天温度要维持在20～25℃，晚上维持在6～8℃。②加强水肥管理，利用水肥一体化技术追肥，增施高钾肥和叶面肥。③摘除老叶，及时摘除弱花弱蕾，摘除畸形果，疏花疏果。④清洁棚膜，增加光照。⑤悬挂二氧化碳施肥器，促进光合作用	①放蜂时注意风口管理。②防范低温、大风、暴雪等极端天气，加强雾霾天气的温湿度管理，防止冻害发生，适当增加补光时间，必要时可采用启动热风炉等方法增温。③注意防风，加固防虫网。④防止温度过高，影响果实膨大，造成果实着色快成熟早，果实个小，品质差。⑤摘除老叶后及时喷洒杀菌剂，预防病害
成熟期	1～5月	①加强温度管理，白天温度要维持在20～23℃，晚上维持在5～7℃。根据天气控制放棉被时间。②定期的清洁棚膜，增加光照。③每10～15天追施1次高钾型水溶肥，适当添加腐殖酸类水溶肥养护根系，施药时配合叶面喷施含氨基酸的叶面肥，增加植物长势。④摘除老叶，及时摘除弱花弱蕾，摘除畸形果，疏花疏果。⑤重点防治草莓白粉病、草莓灰霉病、蚜虫、蓟马和叶螨等病虫害	①摘果时注意农药的安全间隔期。②防范低温、大风、暴雪等极端天气，加强雾霾天气的温湿度管理，防止冻害发生，适当增加补光时间，必要时可采用启动热风炉等方法增温。③适当加固棚膜和防虫网，及时检查保温被的保温性能。④为了减少病虫害的发生，采摘后期着重摘老叶，加强通风透光，改善透光条件。⑤摘除老叶后及时喷洒杀菌剂，预防病害

附录 2

草莓塑料大棚半促成栽培周年管理工作历

生育期	月份	作业管理内容	注意事项
育苗期	4～8月	①塑料大棚育苗适当控制温湿度，保证适宜生长环境。②合理水肥，促进匍匐茎抽生。③预防病虫害，每天定时巡查，发现病株，及时清理。④引压子苗，促进合理生长	①适时打开风口和下部薄膜降温。②少量多次供应水肥，做到平缓充足。③悬挂黄、蓝色粘虫板，定期喷施杀菌剂。④压苗不要过紧、过深，以免伤苗。⑤注意防雨和遮阳
定植前期	7月	①清除杂草，清洁田园。②平整地面。③连作地块进行土壤消毒。④消毒后适当晾晒，降低土壤湿度，保持土壤墒情	①杂草清除干净。②不同的土壤熏蒸剂处理时间不同，合理安排时间。③土壤湿度适宜，确保旋耕时土壤不板结，没有大颗粒
定植期	8月上中旬	①科学施加基肥。②旋耕深翻土壤，使肥料和土壤充分混合。③精细起垄。④安装滴灌带和水肥一体化设备。⑤小水缓慢洇垄，防止塌垄。⑥适时早栽，合理密植，保证田间通风透光。⑦悬挂遮阳网，防止阳光暴晒。⑧早晚补足定植水	①起垄作畦一定要精细，做到畦面、畦埂平直，土壤细碎平整。②在阴天或傍晚定植，避免暴晒。③注意栽植深度，栽植不能过深或过浅，要深不埋心，浅不露根，种苗定植方向是弓背向外，引导花序向垄的两侧生长。④下雨时放下旧棚膜，防止暴雨积水，冲垮草莓垄
缓苗后至现蕾前	8月下旬至9月	①温度管理，白天温度要维持在28～30℃，晚上维持在8～10℃。②水分管理，缓苗后及时进行中耕晾苗，土壤微干时再适量浇水。③追施一次氮肥或叶面喷施0.3%～0.5%的尿素。④加强田间管理，清除田间杂草，摘除老叶、病叶和匍匐茎，掰掉多余的侧芽，合理补苗。⑤悬挂粘虫板监测虫害，重点防治草莓根腐病和草莓枯萎病	①尽量不要过早密闭大棚，以免温度过高。②必须在早、晚浇水，避免中午浇水，浇水时见干见湿。③及时清除杂草。④摘除老叶后及时喷洒杀菌剂

（续）

生育期	月份	作业管理内容	注意事项
现蕾期	9～10月	①温湿度管理，白天温度要维持在25～28℃，晚上维持在8～10℃，湿度控制在85%～90%。②水分管理，注意观察叶面和土壤是否缺水，覆盖棚膜保温前和铺地膜前各浇1次水。③加强田间管理，中耕除草，清理病残植株，摘除老叶，及时去除匍匐茎。④监测、防治病虫害。⑤覆盖棚膜、安装防虫网和温湿度记录仪等。⑥铺设地膜	①防止日光温室内温度的急剧变化，温度不能超过35℃。②选用高透光性的无滴膜，无滴性能优良，经久耐用，防尘性良好，强度高，抗拉力强，延展性好。③覆地膜后轻轻将苗掏出，不能伤到叶片，两侧交叉对接压实。④摘除老叶后及时喷洒杀菌剂
开花期	10～11月	①温湿度管理，白天温度要维持在28～30℃，晚上维持在8～10℃，湿度应控制在30%～50%。②加强水肥管理，适当补充磷肥和钙肥。③加强田间管理，中耕除草，摘除老叶，及时摘除弱花弱蕾。④监测、防治病虫害，悬挂硫黄熏蒸器。⑤注意观察开花时间，开花5%以上即可放蜜蜂进棚	①当白天棚内温度超过30℃时，应及时通风换气降温，夜间温度低达不到要求时，可采用加盖草帘等保温措施。②放蜂注意农药的安全间隔期，防止蜜蜂中毒死亡。③摘除老叶后及时喷洒杀菌剂
果实膨大期	11～12月	①加强温湿度管理，白天温度要维持在20～25℃，晚上维持在6～8℃，湿度应控制在60%～70%。②加强水肥管理，利用水肥一体化技术追肥1～2次，增施高钾肥和叶面肥，追肥后浇水。③加强田间管理，中耕除草，摘除老叶，及时摘除弱花弱蕾，摘除畸形果，疏花疏果	①注意蜂箱的放置位置，放蜂时注意风口管理。②加强雾霾天气的温湿度管理，适当增加补光时间。③注意防风，加固防虫网。④防止温度过高，影响果实膨大，造成果实着色快成熟早，果实个小，品质差。⑤摘除老叶后及时喷洒杀菌剂
成熟期	12月至翌年5月	①加强温度管理，白天温度要维持在20～23℃，晚上维持在5～8℃，湿度应控制在60%～70%，经常通风换气，调节温度。②第一茬果采收后要进行追肥。追肥以高钾复合肥为主，适当添加腐殖酸类水溶肥养护根系，施药时配合叶面喷施含氨基酸的叶面肥，增加植物长势。③加强田间管理，中耕除草，摘除老叶，及时摘除弱花弱蕾，摘除畸形果，疏花疏果。④重点防治草莓白粉病、草莓灰霉病、蚜虫、蓟马和叶螨等病虫害	①到3月中下旬后，气温逐渐升高，这时顶风口、侧风口可同时开放，侧风口适合在中午时打开，逐步加大放风量，一般在4月20日前后可撤除棚膜。②为了减少病虫害的发生，采摘后期着重摘除老叶，加强通风透光，防止果实暴晒。③摘除老叶后及时喷洒杀菌剂

附录 3

草莓生产病虫害防治年历

生育期	防治内容与主要措施
育苗期	草莓苗期主要有草莓炭疽病、草莓叶斑病和斜纹夜蛾、地老虎、蚜虫等病虫害。①悬挂黄、蓝色粘虫板，诱杀虫害。②定期喷施百菌清、代森锰锌、甲基硫菌灵和嘧菌酯等广谱性杀菌剂，预防病害。③使用甲氨基阿维菌素防治斜纹夜蛾，使用苦参碱防治蚜虫。④每天固定时间进行田间巡查，一旦发现病株，如草莓炭疽病、草莓根腐病，最好能够连根清除，带到棚室外焚毁处理
定植前	防治草莓根腐病和草莓枯萎病。定植前使用石灰氮或氯化苦、棉隆等化学熏蒸剂进行土壤消毒和高温闷棚。石灰氮消毒时间为30 ～ 40天。氯化苦或棉隆等化学熏蒸剂的消毒时间为15 ～ 20天。消毒后，撤膜晾晒7天以上，让残留的有害气尽快散发，以避免残留的有害气体影响定植后草莓苗成活
定植期	防治草莓根腐病、草莓枯萎病、草莓病毒病和蚜虫、蓟马、粉虱。①悬挂粘虫板，每个棚室悬挂黄色粘虫板5张、蓝色粘虫板3张。②使用四霉素或中生菌素液剂灌根防治草莓根腐病，使用木霉菌防治草莓枯萎病，叶面喷施氨基寡糖素预防草莓病毒病。③根据黄、蓝色粘虫板监测情况，在附录4中查询选择登记的药剂进行有针对性的虫害防治
现蕾前	防治草莓炭疽病、草莓白粉病、草莓灰霉病和蚜虫、蓟马、粉虱。①叶面喷施蛇床子素防治草莓白粉病，叶面喷施苯甲·嘧菌酯防治草莓炭疽病，叶面喷施氟菌·肟菌酯防治草莓灰霉病，悬挂硫黄熏蒸器。②根据黄、蓝色粘虫板监测情况，在附录4中查询选择合适的药剂进行防治。③补充土壤有益菌群，使用寡雄腐霉灌根。④加挂防虫网和防虫门帘
现蕾期	防治草莓白粉病、草莓灰霉病、草莓叶斑病和蚜虫、叶螨、蓟马、粉虱。①根据草莓白粉病发生情况，每周硫黄熏蒸1 ～ 3次，叶面喷施枯草芽孢杆菌防治，叶片喷施啶酰菌胺防治草莓灰霉病，叶片喷施唑醚菌酯防治草莓叶斑病。②根据黄、蓝色粘虫板监测情况，在附录4中查询选择登记的药剂进行有针对性的虫害防治
开花期	防治草莓白粉病、草莓炭疽病和蚜虫、叶螨、粉虱。①根据草莓白粉病发生情况，每周硫黄熏蒸1 ～ 3次，叶面喷施解淀粉芽孢杆菌或蛇床子素防治草莓白粉病，叶片喷施苯醚甲环唑防治草莓炭疽病。②根据黄、蓝色粘虫板监测情况，选择合适的天敌和药剂进行虫害防治。用智利小植绥螨防治叶螨，用异色瓢虫防治蚜虫，用烟盲蝽防治粉虱，在附录4中查询选择登记的药剂进行有针对性的防治

（续）

生育期	防治内容与主要措施
果实膨大期	防治草莓白粉病、草莓灰霉病和蚜虫、蓟马、叶螨、粉虱。①根据草莓白粉病发生情况，每周硫黄熏蒸1～3次，在附录4中查询选择登记的药剂防治草莓白粉病和草莓灰霉病，并注意科学轮换用药，根据发生情况，优先选择生物药剂，后选择化学药剂。②根据虫害发生情况，选择合适的天敌进行生物防治。防治叶螨时，优先使用登记的生物药剂藜芦碱，后期注意科学轮换用药，在附录4中查询选择登记的药剂
成熟期	防治草莓白粉病、草莓灰霉病和蚜虫、蓟马、叶螨、粉虱。①根据草莓白粉病发生情况，每周硫黄熏蒸1～3次，在附录4中查询选择登记的药剂防治草莓白粉病和草莓灰霉病，并注意科学轮换用药，根据发生情况，优先选择生物药剂，后选择化学药剂。②根据虫害发生情况，选择合适的天敌进行生物防治。使用药剂防治时，注意轮换用药，在附录4中查询选择登记的药剂

附录 4

草莓生产登记使用的农药

	农药品种	毒性	用药量与施用方式	防治对象/作用	登记证号	生产厂家
植物生长调节剂	0.2%噻苯隆可溶液剂	微毒	每亩15～25毫升，喷雾	调节生长	PD20173025	江苏辉丰生物农业股份有限公司
	0.01% 24-表芸薹素内酯水剂	微毒	3 000～5 000倍液，喷雾	调节生长	PD20141577	浙江世佳科技股份有限公司
	0.01%4-表芸薹素内酯可溶液剂	微毒	3 300～5 000倍液，喷雾	调节生长	PD20183766	江苏万农生物科技有限公司
	0.5%噻苯隆可溶液剂	微毒	每亩6～10毫升，喷雾	调节生长	PD20132449	江苏辉丰生物农业股份有限公司
杀虫剂	10%吡虫啉可湿性粉剂	低毒	每亩20～25克，喷雾	蚜虫	PD20040631	浙江泰达作物科技有限公司
	1.5%苦参碱可溶液剂	低毒	每亩40～46毫升，喷雾	蚜虫	PD20132710	成都新朝阳作物科学股份有限公司
	2%苦参碱水剂	低毒	每亩30～40毫升，喷雾	蚜虫	PD20183615	河北瑞宝德生物化学有限公司
	43%联苯肼酯悬浮剂	微毒	每亩20～30毫升，喷雾	叶螨	PD20182594	青岛中达农业科技有限公司
	0.5%藜芦碱可溶液剂	低毒	每亩120～140克，喷雾	叶螨	PD20131807	成都新朝阳作物科学股份有限公司
	0.5%依维菌素乳油	低毒	500～1 000倍液，喷雾	叶螨	PD20120411	顺毅股份有限公司
	43%联苯肼酯悬浮剂	低毒	每亩10～30毫升，喷雾	叶螨	PD20210544	永农生物科学有限公司
	110克/升乙螨唑悬浮剂	低毒	3 500～5 000倍液，喷雾	叶螨	PD20120215	日本住友化学株式会社
	43%联苯肼酯悬浮剂	低毒	每亩15～20毫升，喷雾	叶螨	PD20171022	上海悦联化工有限公司

（续）

	农药品种	毒性	用药量与施用方式	防治对象/作用	登记证号	生产厂家
杀虫剂	43%联苯肼酯悬浮剂	低毒	每亩10～25毫升，喷雾	二斑叶螨	PD20096837	爱利思达生物化学品有限公司
	16%啶虫・氟酰脲乳油	低毒	每亩20～25毫升，喷雾	蓟马	PD20171729	安道麦马克西姆有限公司
	5%甲氨基阿维菌素水分散粒剂	中等毒	每亩3～4克，喷雾	斜纹夜蛾	PD20122049	永农生物科学有限公司
杀菌剂	43%氟菌・肟菌酯悬浮剂	低毒	每亩15～30毫升，喷雾	草莓白粉病	PD20152429	拜耳有限公司
	1亿cfu/克枯草芽孢杆菌微囊粒剂	微毒	每亩90～150克，喷雾	草莓白粉病	PD20151514	成都特普生物科技股份有限公司
	10亿孢子/克枯草芽孢杆菌可湿性粉剂	微毒	500～1 000倍液，喷雾	草莓白粉病	PD20121632	台湾百泰生物科技股份有限公司
	100亿芽孢/克枯草芽孢杆菌可湿性粉剂	低毒	每亩120～150克，喷雾	草莓白粉病	PD20182977	康欣生物科技有限公司
	100亿芽孢/克枯草芽孢杆菌可湿性粉剂	微毒	每亩90～120克，喷雾	草莓白粉病	PD20211004	山东拜沃生物技术有限公司
	100亿芽孢/克枯草芽孢杆菌可湿性粉剂	低毒	300～600倍液，喷雾	草莓白粉病	PD20183074	山东戴盟得生物科技有限公司
	100亿cfu/克枯草芽孢杆菌可湿性粉剂	微毒	每亩60～90克，喷雾	草莓白粉病	PD20160669	美国拜沃股份有限公司
	1 000亿芽孢/克枯草芽孢杆菌可湿性粉剂	低毒	每亩20～40克，喷雾	草莓白粉病	PD20110973	德强生物股份有限公司
	1 000亿cfu/克枯草芽孢杆菌水分散粒剂	低毒	每亩80～100克，喷雾	草莓白粉病	PD20210294	江苏省溧阳中南化工有限公司
	2 000亿cfu/克枯草芽孢杆菌可湿性粉剂	微毒	每亩20～30克，喷雾	草莓白粉病	PD20161407	浙江省桐庐汇丰生物科技有限公司

（续）

	农药品种	毒性	用药量与施用方式	防治对象/作用	登记证号	生产厂家
杀菌剂	50亿cfu/克解淀粉芽孢杆菌AT-332水分散粒剂	微毒	每亩100～140克，喷雾	草莓白粉病	PD20200657	日本史迪士生物科学株式会社
	50亿cfu/克解淀粉芽孢杆菌AT-332水分散粒剂	微毒	每亩70～140克，喷雾	草莓白粉病	PD20211022	南京高正农用化工有限公司
	300克/升醚菌·啶酰菌悬浮剂	低毒	每亩25～50毫升，喷雾	草莓白粉病	PD20101017	巴斯夫欧洲公司
	80%克菌丹水分散粒剂	低毒	600～1 000倍液，喷雾	草莓白粉病	PD20170585	天津市华宇农药有限公司
	50%克菌丹可湿性粉剂	低毒	400～600倍液，喷雾	草莓白粉病	PD20080466	安道麦马克西姆有限公司
	12.5%粉唑醇悬浮剂	低毒	每亩30～60毫升，喷雾	草莓白粉病	PD20150564	兴农药业（中国）有限公司
	300克/升醚菌·啶酰菌悬浮剂	低毒	每亩37.5～50毫升，喷雾	草莓白粉病	PD20170580	京博农化科技有限公司
	30%氟菌唑可湿性粉剂	低毒	每亩15～30克，喷雾	草莓白粉病	PD142-91	日本曹达株式会社
	9%互生叶白千层提取物乳油	低毒	每亩67～100毫升，喷雾	草莓白粉病	PD20190104	斯托克顿（以色列）有限公司
	38%唑醚·啶酰菌悬浮剂	低毒	每亩30～40毫升，喷雾	草莓白粉病	PD20182440	浙江禾本科技股份有限公司
	0.4%蛇床子素可溶液剂	低毒	每亩100～125毫升，喷雾	草莓白粉病	PD20172589	成都新朝阳作物科学股份有限公司
	25%乙嘧酚悬浮剂	低毒	每亩80～100毫升，喷雾	草莓白粉病	PD20161533	一帆生物科技集团有限公司
	25%戊菌唑水乳剂	低毒	每亩7～10毫升，喷雾	草莓白粉病	PD20172518	浙江省杭州宇龙化工有限公司
	42.4%唑醚·氟酰胺悬浮剂	中等毒	每亩10～20毫升，喷雾	草莓白粉病	PD20160350	巴斯夫欧洲公司
	40%粉唑·嘧菌酯悬浮剂	低毒	每亩20～30毫升，喷雾	草莓白粉病	PD20171384	上海悦联化工有限公司
	30%醚菌酯可湿性粉剂	低毒	每亩30～40克，喷雾	草莓白粉病	PD20111308	祥霖美丰生物科技（淮安）有限公司

（续）

	农药品种	毒性	用药量与施用方式	防治对象／作用	登记证号	生产厂家
杀菌剂	30%醚菌酯可湿性粉剂	低毒	每亩15～40克，喷雾	草莓白粉病	PD20095289	京博农化科技有限公司
	30%醚菌酯可湿性粉剂	微毒	每亩30～45克，喷雾	草莓白粉病	PD20141827	浙江钱江生物化学股份有限公司
	50%醚菌酯可湿性粉剂	低毒	每亩16～20克，喷雾	草莓白粉病	PD20140699	华北制药集团爱诺有限公司
	50%醚菌酯水分散粒剂	低毒	3 000～5 000倍液，喷雾	草莓白粉病	PD20070124	巴斯夫欧洲公司
	4%四氟醚唑水乳剂	低毒	每亩50～80克，喷雾	草莓白粉病	PD20161124	陕西华戎凯威生物有限公司
	4%四氟醚唑水乳剂	低毒	每亩50～80毫升，喷雾	草莓白粉病	PD20160765	陕西上格之路生物科学有限公司
	4%四氟醚唑水乳剂	低毒	每亩50～83毫升，喷雾	草莓白粉病	PD20070130	意大利意赛格公司
	4%四氟醚唑水乳剂	低毒	每亩50～80毫升，喷雾	草莓白粉病	PD20160314	陕西亿田丰作物科技有限公司
	12.5%四氟醚唑水乳剂	低毒	每亩21～27毫升，喷雾	草莓白粉病	PD20151886	浙江宇龙生物科技股份有限公司
	12.5%四氟醚唑水乳剂	低毒	每亩15～25毫升，喷雾	草莓白粉病	PD20150447	意大利意赛格公司
	12.5%四氟醚唑水乳剂	低毒	每亩21～27毫升，喷雾	草莓白粉病	PD20130446	浙江省杭州宇龙化工有限公司
	25.0%四氟醚唑水乳剂	低毒	每亩10～12克，喷雾	草莓白粉病	PD20170865	陕西汤普森生物科技有限公司
	30%氟菌唑可湿性粉剂	低毒	每亩15～20克，喷雾	草莓白粉病	PD20142213	永农生物科学有限公司
	42.4%唑醚・氟酰胺悬浮剂	低毒	每亩10～20毫升，喷雾	草莓白粉病	PD20170738	巴斯夫植物保护（江苏）有限公司
	25%嘧菌酯悬浮剂	低毒	每亩40～50毫升，喷雾	草莓白粉病	PD20120353	浙江省杭州宇龙化工有限公司
	30%苯甲・嘧菌酯悬浮剂	低毒	1 000～1 500倍液，喷雾	草莓白粉病	PD20142224	美国世科姆公司

（续）

	农药品种	毒性	用药量与施用方式	防治对象／作用	登记证号	生产厂家
杀菌剂	20%四氟·醚菌酯悬乳剂	低毒	每亩40 ～ 50毫升，喷雾	草莓白粉病	PD20183278	山东省青岛瀚生生物科技股份有限公司
	300克/升醚菌·啶酰菌悬浮剂	低毒	每亩25 ～ 50毫升，喷雾	草莓白粉病	PD20170077	巴斯夫植物保护（江苏）有限公司
	20%吡唑醚菌酯水分散粒剂	低毒	每亩38 ～ 50克，喷雾	草莓白粉病	PD20183173	浙江世佳科技股份有限公司
	20%四氟·肟菌酯水乳剂	低毒	每亩13 ～ 16毫升，喷雾	草莓白粉病	PD20181125	江西众和化工有限公司
	25%粉唑醇悬浮剂	低毒	每亩20 ～ 40克，喷雾	草莓白粉病	PD20161624	浙江世佳科技股份有限公司
	20% β-羽扇豆球蛋白多肽可溶液剂	低毒	每亩160 ～ 220毫升，喷雾	草莓灰霉病	PD20190105	葡萄牙塞埃韦有限责任公司
	1 000亿cfu/克枯草芽孢杆菌水分散粒剂	低毒	每亩40 ～ 60克，喷雾	草莓灰霉病	PD20142156	山东玥鸣生物科技有限公司
	1 000亿个/克枯草芽孢杆菌可湿性粉剂	低毒	每亩40 ～ 60克，喷雾	草莓灰霉病	PD20151456	山东中诺药业有限公司
	1 000亿芽孢/克枯草芽孢杆菌可湿性粉剂	低毒	每亩40 ～ 60克，喷雾	草莓灰霉病	PD20131432	江西威力特生物科技有限公司
	1 000亿孢子/克枯草芽孢杆菌可湿性粉剂	低毒	每亩40 ～ 60克，喷雾	草莓灰霉病	PD20096824	湖北天惠生物科技有限公司
	2 000亿cfu/克枯草芽孢杆菌可湿性粉剂	微毒	每亩20 ～ 30克，喷雾	草莓灰霉病	PD20161407	浙江省桐庐汇丰生物科技有限公司
	50%啶酰菌胺水分散粒剂	低毒	每亩30 ～ 45克，喷雾	草莓灰霉病	PD20180938	浙江宇龙生物科技股份有限公司
	50%啶酰菌胺水分散粒剂	低毒	每亩30 ～ 45克，喷雾	草莓灰霉病	PD20081106	巴斯夫欧洲公司
	50%啶酰菌胺水分散粒剂	低毒	每亩30 ～ 45克，喷雾	草莓灰霉病	PD20151890	浙江省杭州宇龙化工有限公司

（续）

	农药品种	毒性	用药量与施用方式	防治对象/作用	登记证号	生产厂家
杀菌剂	50%啶酰菌胺水分散粒剂	低毒	500～1 000倍液，喷雾	草莓灰霉病	PD20150978	江阴苏利化学股份有限公司
	80%克菌丹水分散粒剂	低毒	600～1 000倍液，喷雾	草莓灰霉病	PD20180803	山东邹平农药有限公司
	80%克菌丹水分散粒剂	低毒	600～800倍液，喷雾	草莓灰霉病	PD20182253	安徽禾健生物科技有限公司
	80%克菌丹水分散粒剂	低毒	600～1 000倍液，喷雾	草莓灰霉病	PD20120601	河北冠龙农化有限公司
	25%抑霉·咯菌腈悬乳剂	低毒	1 000～1 200倍液，喷雾	草莓灰霉病	PD20183935	四川海润作物科学技术有限公司
	25%抑霉·咯菌腈悬乳剂	低毒	1 200～1 500倍液，喷雾	草莓灰霉病	PD20181520	一帆生物科技集团有限公司
	50%吡唑醚菌酯水分散粒剂	低毒	每亩15～25克，喷雾	草莓灰霉病	PD20180861	陕西恒田生物农业有限公司
	45%啶酰·嘧菌酯悬浮剂	低毒	每亩40～60毫升，喷雾	草莓灰霉病	PD20200464	湖南农大海特农化有限公司
	43%氟菌·肟菌酯悬浮剂	低毒	每亩20～30毫升，喷雾	草莓灰霉病	PD20152429	拜耳有限公司
	42.4%唑醚·氟酰胺悬浮剂	低毒	每亩20～30毫升，喷雾	草莓灰霉病	PD20170738	巴斯夫植物保护（江苏）有限公司
	2亿孢子/克木霉菌可湿性粉剂	低毒	每亩100～300克，喷雾	草莓灰霉病	PD20160752	上海万力华生物科技有限公司
	38%唑醚·啶酰菌水分散粒剂	低毒	每亩60～80克，喷雾	草莓灰霉病	PD20182340	浙江中山化工集团股份有限公司
	50%咯菌腈·异菌脲悬浮剂	低毒	每亩45～60毫升，喷雾	草莓灰霉病	PD20210453	上虞颖泰精细化工有限公司
	25%嘧霉胺可湿性粉剂	低毒	每亩120～150克，喷雾	草莓灰霉病	PD20085867	浙江禾本科技股份有限公司
	38%唑醚·啶酰菌水分散粒剂	低毒	每亩40～50克，喷雾	草莓灰霉病	PD20173148	上海悦联化工有限公司
	38%唑醚·啶酰菌水分散粒剂	低毒	每亩40～60克，喷雾	草莓灰霉病	PD20172386	巴斯夫欧洲公司

（续）

	农药品种	毒性	用药量与施用方式	防治对象/作用	登记证号	生产厂家
杀菌剂	500克/升氟吡菌酰胺·嘧霉胺悬浮剂	低毒	每亩60～80毫升，喷雾	草莓灰霉病	PD20200234	拜耳有限公司
	400克/升氟唑菌酰羟胺·咯菌腈悬浮剂	低毒	每亩50～70毫升，喷雾	草莓灰霉病	PD20210440	瑞士先正达作物保护有限公司
	42.4%唑醚·氟酰胺悬浮剂	中等毒	每亩20～30毫升，喷雾	草莓灰霉病	PD20160350	巴斯夫欧洲公司
	16%多抗霉素B可溶粒剂	微毒	每亩20～25克，喷雾	草莓灰霉病	PD20151483	兴农药业（中国）有限公司
	400克/升嘧霉胺悬浮剂	低毒	每亩45～60毫升，喷雾	草莓灰霉病	PD20120518	永农生物科学有限公司
	50%嘧酯·噻唑锌悬浮剂	低毒	每亩40～60毫升，喷雾	草莓炭疽病	PD20151282	浙江新农化工股份有限公司
	30%苯甲·嘧菌酯悬浮剂	低毒	每亩50～60毫升，喷雾	草莓炭疽病	PD20151307	上海惠光环境科技有限公司
	325克/升苯甲·嘧菌酯悬浮剂	低毒	每亩40～50毫升，喷雾	草莓炭疽病	PD20150861	兴农药业（中国）有限公司
	10%苯醚甲环唑水分散粒剂	低毒	每亩100～120毫升，喷雾	草莓炭疽病	PD20151378	浙江钱江生物化学股份有限公司
	10%苯醚甲环唑水分散粒剂	低毒	每亩56～68克，喷雾	草莓炭疽病	PD20120849	一帆生物科技集团有限公司
	10%苯醚甲环唑水分散粒剂	低毒	每亩60～80克，喷雾	草莓炭疽病	PD20110193	浙江拜克生物科技有限公司
	450克/升咪鲜胺水乳剂	低毒	每亩35～55毫升，喷雾	草莓炭疽病	PD20150070	浙江天丰生物科学有限公司
	25%戊唑醇水乳剂	低毒	每亩20～28毫升，喷雾	草莓炭疽病	PD20120883	浙江新安化工集团股份有限公司
	250克/升苯醚甲环唑乳油	低毒	1 500～2 000倍液，喷雾	草莓炭疽病	PD20102132	江苏禾本生化有限公司
	25%嘧菌酯悬浮剂	低毒	每亩40～60毫升，喷雾	草莓炭疽病	PD20150306	浙江天丰生物科学有限公司
	430克/升戊唑醇悬浮剂	低毒	每亩10～16毫升，喷雾	草莓炭疽病	PD20122012	上虞颖泰精细化工有限公司

（续）

	农药品种	毒性	用药量与施用方式	防治对象/作用	登记证号	生产厂家
杀菌剂	500克/升氟啶胺悬浮剂	低毒	每亩25～35毫升，喷雾	草莓炭疽病	PD20141977	江阴苏利化学股份有限公司
	25%咪鲜胺乳油	低毒	每亩20～40毫升，喷雾	草莓炭疽病	PD20098187	乐斯化学有限公司
	2亿孢子/克木霉菌可湿性粉剂	低毒	330～500倍液，灌根	草莓枯萎病	PD20160752	上海万力华生物科技有限公司
	15%氰烯菌酯悬浮剂	低毒	400～660倍液，灌根	草莓枯萎病	PD20201040	江苏省农药研究所股份有限公司
	30%氰烯菌酯・苯醚甲环唑悬浮剂	低毒	1 000～2 000倍液，喷雾	草莓枯萎病	PD20201044	江苏省农药研究所股份有限公司
	30亿芽孢/克甲基营养型芽孢杆菌9912可湿性粉剂	微毒	每亩1～2克/米^2，浇灌	草莓根腐病	PD20181602	华北制药集团爱诺有限公司
	98%棉隆微粒剂	低毒	每亩30～45克/米^2，撒施	草莓根腐病	PD20151197	顺毅股份有限公司
	99%硫酰氟气体制剂	中等毒	每亩50～75克/米^2，土壤熏蒸	根结线虫	PD20110859	龙口市化工厂
	98%棉隆颗粒剂	低毒	每亩30～40克/米^2，土壤处理	根结线虫	PD20070013	江苏省南通施壮化工有限公司
	250克/升吡唑醚菌酯乳油	低毒	每亩24～40毫升，喷雾	草莓叶斑病	PD20184115	上虞颖泰精细化工有限公司

主要参考文献

郭立国，韩太利，2021. 优质草莓大棚高效种植技术[J]. 果树，7: 318-320.

郝保春，杨莉，2009. 草莓病虫害及防治原色图谱[M]. 北京：金盾出版社.

路河，徐明泽，周明源，等，2020. 草莓高效基质栽培技术手册[M]. 北京：化学工业出版社.

彭殿林，彭沈凌，2011. 草莓生物学特性及关键栽培技术要点[J]. 吉林蔬菜(5): 21.

秦旭，刘冠义，东明学，等，2005. 草莓[M]. 北京：中国农业大学出版社.

苏代发，童江云，杨俊誉，等，2019. 草莓病毒病及其研究进展[J]. 云南大学学报(自然科学版), 41(6): 1221-1237.

孙茜，李红霞，潘文亮，等，2007. 草莓疑难杂症图片对照诊断与处方[M]. 北京：中国农业出版社.

王久兴，贺桂欣，李清云，等，2004. 蔬菜病虫害诊治原色图谱. 草莓分册[M]. 北京：科学技术文献出版社.

王琼，宗静，刘瑞涵，等，2021. 北京草莓产业的调研与思考[J]. 蔬菜(4): 61-64.

杨静，施竹凤，高东，等，2012. 生物多样性控制作物病害研究进展[J]. 遗传，34(11): 1390-1398.

杨丽娟，2021. 草莓生长的外部环境条件[J]. 新农业(4): 26.

杨洲，2017. 草莓保鲜技术研究进展[J]. 保鲜与加工，17(2): 133-138.

张世皇，2020. "互联网+草莓"：新时代 新方向 新发展[J]. 营销界(20): 6-7.

张志宏，杜国栋，张馨宇，2006. 图说草莓棚室高效栽培关键技术[M]. 北京：金盾出版社.

赵彦华，2019. 草莓品种栽培类型及主要优良品种[J]. 山西果树(6): 50-53.

郑建秋，2004. 现代蔬菜病虫鉴别与防治手册 全彩版[M]. 北京：中国农业出版社.

周绪宝，路河，李健，等，2019. 绿色优质草莓生产控制与管理[M]. 北京：中国质检出版社，中国标准出版社.

宗静，2014. 设施草莓实用栽培技术集锦[M]. 北京：中国农业出版社.